● 21世纪高等院校计算机应用规划教材

Visual Basic
程序设计教程

主 编　花　卉　陈家红
副主编　古秋婷　李　波
　　　　王旭辉　马丽芳
　　　　董　军

南京大学出版社

序

本书以 Visual Basic（简称 VB）语言为基础，编写了程序设计类课程的入门教材。Visual Basic 语言是在原来的 BASIC 语言基础上研制而成的，保持了 BASIC 语言简单、易学易用的特点，同时增加了结构化、可视化程序设计语言的功能，具备了面向对象程序设计语言的特征。

针对初学者的特点，并根据学生的认知规律精心组织了本教材内容，本书在结构和内容上采用"由浅入深、循序渐进"的方法，并通过大量有现实意义的例题，介绍了 VB 程序设计的有关概念。

本书内容紧扣《全国计算机等级考试二级 VB 考试大纲》。基本涵盖了 Visual Basic 6.0 编程的常用内容。本书主要内容包括：Visual Basic 开发环境、程序设计基础、数组、过程、常用标准控件、菜单、数据文件及数据库程序设计等。书中的例题大多是在历年的二级考试真题中精选出来的经典试题或经典算法。本书既可作为高等学校非计算机专业学生的教材，也可作为自学者备考计算机二级 VB 考试的参考书。

尽管我们已经做了很大的努力，但由于水平有限，书中难免存在不足之处，请读者批评指正，以帮助我们不断改进和完善。

目　　录

第 1 章　Visual Basic 程序设计入门

本章将简述 Visual Basic(以下简称 VB)的主要特点、面向对象的概念、集成开发环境，并通过创建一个简单的应用程序，了解应用程序创建的过程、文件的组成、编码规则。在这一章，将介绍 VB 的特点以及 VB6.0 版的集成开发环境。

1.1　引言

程序语言，顾名思义就是一种语言，是用于交流的，程序就是计算机的语言和人类语言的翻译者，做一个程序员就是要把人类世界的问题用计算机的方法去解决和展现。

新手学编程要从根本出发。从理论上来说，需要广泛的阅读，了解算法的博大精深和计算机的基本理论；从实践上来说，需要有广泛的练习，练习的广泛在于练习不同的内容。然后就是创新精神和数学思维能力，这些都是需要培养的。因此在学习编程的过程中，要敢于自己动手去体验。有些问题只有通过实践后才能明白，也只有实践才能把老师和书上的知识变成自己的，高手都是这样炼成的。

1.2　VB 语言的特点

程序设计的语言有很多种。VB 是在 Basic 语言的基础上研制开发的，它具有 Basic 语言的优点，同时又增加了结构化和可视化程序设计语言的功能。

VB 是一种可视化的、面向对象和采用事件驱动方式的结构化高级程序设计语言，可用于开发 Windows 环境下的各类应用程序。它简单易学、效率高，而且功能强大，可以与 Windows 的专业开发工具 SDK 相媲美。

随着版本的提高，VB 的功能也越强大。5.0 版本以后，推出了中文版，已成为 32 位的、全面支持面向对象的大型程序设计语言。在推出 6.0 版本时，VB 又在数据访问、控件、语言、向导及 Internet 支持等方面增加了学多新的功能。VB 的主要特点归纳如下：

1. 可视化编程

VB 提供了可视化设计的工具，把 Windows 界面设计的复杂性"封装"起来，开发人员不必为界面设计而编写大量的代码。程序设计人员只需利用现有开发环境提供的工具，根据设计要求，直接在屏幕上"画"出窗口、菜单、命令按钮等不同类型的对象，并为每个对象设置相关的属性值，以使界面个性化。这种"所见即所得"的方式极大地方便了界面设计。

2. 面向对象的程序设计(Object Oriented Programming, OOP)

在 VB 中，程序设计是基于对象的。对象是一个抽象概念，是将程序和数据封装起来的一个软件部件，是经过调试可以直接使用的程序单位。许多对象都是可视的。

3. 事件驱动的编程机制

事件驱动是非常适合图形用户界面的编程方式。传统的编程方式是一种面向过程的,按程序事先设计的流程运行的方式。但在图形用户界面的应用程序中,用户的动作(即事件)控制着程序的运行流向。每个事件都能驱动一段程序的运行,程序员只要编写响应用户动作的代码,每个动作之间不一定有联系。这样的应用程序代码较短,使得程序既易于编写又易于维护,极大地提高了程序设计效率。

4. 简单易学的集成开发环境(Integrated Development Environment, IDE)

在 VB 集成开发环境中,用户可设计界面、编辑代码、调试程序,直接运行获得结果;也可以把应用程序制作成安装盘,以便能够在脱离 VB 系统的 Windows 环境中运行,为用户提供了友好的开发环境。

5. 具有结构化的程序设计语言

VB 是在 BASIC 语言的基础上发展起来的,具有高级程序设计语言的优点,即丰富的数据类型、众多的内部函数、多种控制结构、模块化的程序结构,结构清晰,简单易学。

6. 强大的网络、数据库、多媒体功能

利用 VB 系统提供的各类可视化控件和 ActiveX 技术,开发人员摆脱了特定语言的束缚,可以方便使用其他应用程序提供的功能。使用 VB 能够开发集多媒体技术、网络技术、数据库技术于一体的应用程序。

7. 完备的联机帮助功能

与 Windows 环境下的其他软件一样,在 VB 中,利用帮助菜单和 F1 功能键,用户可随时得到所需的帮助信息;VB 帮助窗口中显示了有关的示例代码,通过复制、粘贴操作可获取示例代码,为用户的学习和使用提供了捷径。

1.3   VB 集成开发环境

VB 集成开发环境是一组软件工具,它是集应用程序的设计、编辑、运行、调试等多种功能于一体的环境,为程序设计的开发带来方便。

1.3.1   进入 VB 集成开发环境

当启动 VB6.0 时出现如图 1.1 所示的窗口。窗口列出了 VB6.0 能够建立的应用程序类型,对初学者可以选择默认"标准 EXE"。在该窗口中有 3 个选项卡:

① 新建:建立新工程。
② 现存:选择和打开现有的工程。
③ 最新:列出最近使用过得工程。

单击"新建"选项卡后,就可创建该类型的应用程序,进入如图 1.2 所示的 VB6.0 应用程序集成开发环境。

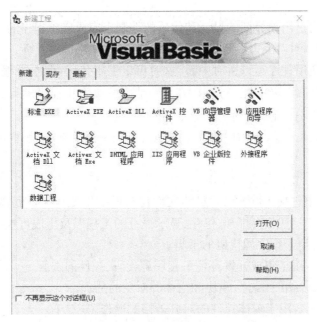

图 1.1　"新建工程"对话框

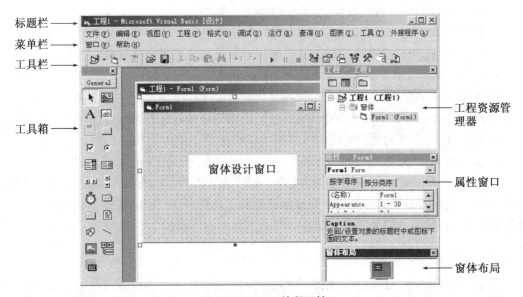

图 1.2　VB6.0 编程环境

　　VB6.0 应用程序集成开发环境除了微软应用软件常规的主窗口外,还包括 VB6.0 几个独立的窗口。

1.3.2　主窗口

1. 标题栏

　　标题栏中的标题为"工程 1—Microsoft Visual Basic[设计]",说明此时集成开发环境处于设计模式,在进入其他状态时,方括号中的文字将有相应变化。VB 有以下 3 种工作模式：

① 设计模式：通过用户界面的设计和代码的编制来完成应用程序的开发。

② 运行模式：运行应用程序，这时不可编辑代码，也不可编辑界面。

③ 中断模式：应用程序运行暂时中断，这时可以编辑代码，但不可编辑界面。按 F5 键或单击" Ⅱ "继续按钮程序继续运行；单击" ■ "结束按钮停止程序运行。在此模式下会弹出"立即"窗口，在窗口内可输入简短的命令，并立即执行。

同 Windows 界面一样，标题栏的最左端是窗口控制菜单框；标题栏的右端是最大化按钮与最小化按钮。

2. 菜单栏

VB6.0 菜单栏中包括 13 个下拉菜单，它们包括程序开发过程中使用的命令。

① 文件(File)：用于创建、打开、保存、显示最近的工程以及生成可执行文件。

② 编辑(Edit)：用于程序源代码的编辑。

③ 视图(View)：用于集成开发环境下程序源代码、控件的查看。

④ 工程(Project)：用于控件、模块和窗体等对象的处理。

⑤ 格式(Format)：用于窗体控件的对齐等格式操作。

⑥ 调试(Debug)：用于程序的调试和查错。

⑦ 运行(Run)：用于程序启动、设置中断和停止等。

⑧ 查询(Query)：VB6.0 新增功能，在设计数据库应用程序时用于设计 SQL 属性。

⑨ 图表(Diagram)：VB6.0 新增功能，在设计数据库应用程序时编辑数据库。

⑩ 工具(Tools)：用于集成开发环境下工具的扩展。

⑪ 外接程序(Add-Ins)：用于为工程增加或删除外接程序。

⑫ 窗口(Windows)：用于屏幕窗口的层叠、平铺等布局以及列出所有打开文档窗口。

⑬ 帮助(Help)：帮助用户系统学习掌握 VB 的使用方法及程序设计方法。

3. 工具栏

工具栏可以迅速地访问常用的菜单命令。除了图 1.2 所示的标准工具栏外，还有编辑、窗体编辑器、调试等专用的工具栏。要显示或隐藏工具栏，可以选择"视图"菜单的"工具栏"命令或鼠标在标准工具栏处单击右键进行所需工具栏的选取。

1.3.3　窗体设计/代码设计窗口

完成一个应用程序开发的大部分工作都是在窗体设计/代码设计窗口中进行的。

1. 窗体设计窗口

窗体设计窗口(简称为窗体窗口)如图 1.2 所示。在设计应用程序时，用户在窗体上建立 VB 应用程序的界面；运行时，窗体就是用户看到的正在运行的窗口，用户通过与窗体上的控件交互可得到结果。一个应用程序可以有多个窗体，可通过选择"工程|添加窗体"命令增加新窗体。

设计状态的窗体由网格点构成，方便用户对控件的定位，网格点间距可以通过选择"工具|选项"命令，在其对话框的"通用"选项卡的"窗体网格设置"中进行设置，默认高和宽均为 120twip。

2. 代码设计窗口

代码设计窗口(简称为代码窗口)是专门用来进行代码设计的,各种事件过程、用户自定义过程等源程序代码的编写和修改均在此窗口进行,如图 1.3 所示。打开代码设计窗口最简单的方式是双击窗体、控件,或单击工程资源管理器窗口的查看代码按钮"▦"。

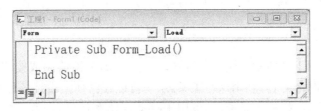

图 1.3　代码设计窗口

代码窗口有如下主要内容:

① 对象列表框:显示所选对象的名称。可以单击其右侧的下拉按钮显示此窗体中的对象名。

② 过程列表框:列出所有对应于对象列表框中对象的事件过程名称和用户自定义过程的名称。

在对象列表框中选择对象名,在过程列表框中选择事件过程名,即可构成选中对象的事件过程模板,用户可在该模板内输入代码。

1.3.4　属性窗口

属性窗口如图 1.2 所示,它用于显示和设置所选定的窗体和控件等对象的属性。窗体和控件称为对象,每个对象都由一组属性来描述其外部特征,如颜色、字体、大小等,在应用程序设计时,可以通过属性窗口来设置或修改对象的属性。属性窗口由以下 4 部分组成:

① 对象列表框:单击其右侧的下拉按钮,显示该窗体的对象。

② 属性排列方式:有"按字母序"和"按分类序"两个选项。

③ 属性列表框:列出所选对象在设计模式下可更改的属性及默认值。属性列表分为左右两部分,左边列出的是各种属性;右边列出的则是相应的属性值。用户可以选定某一属性,然后对该属性值进行设置或修改。

④ 属性含义说明:当在属性列表框选取某属性后,在该区显示所选属性的含义。

1.3.5　工程资源管理器窗口

工程管理器窗口如图 1.2 所示。它保存一个应用程序的所有属性以及组成这个应用程序的所有文件。工程文件的扩展名为.vbp,工程文件名显示在工程文件窗口的标题框内。VB6.0 改用层次化管理方式显示各类文件,而且也允许同时打开多个工程,并以工程组的形式显示,对工程组,本书不进行讨论。

过程资源管理器窗口有以下 3 个按钮:

① "查看代码"按钮▦:切换到代码窗口,显示和编辑代码。

② "查看对象"按钮▤:切换到窗体窗口,显示和编辑对象。

③ "切换文件夹"按钮▢:切换到文件夹显示方式。

工程资源管理器中的列表窗口,以层次列表形式列出组成这个工程的所有文件。它主要包含以下两种类型的文件:

① 窗体文件(.frm 文件):该文件存储窗体上使用的所有控件对象和有关的属性、对象相应的事件过程、程序代码。一个应用程序至少包含一个窗体文件。

② 标准模块文件(.bas 文件):所有模块级变量和用户自定义的通用过程,该类型可选。

1.3.6　工具箱窗口

工具箱窗口如图 1.2 所示。刚安装 VB 时,它由 21 个被绘制成按钮形式的图标构成,显示了各种控件的制作工具,利用这些工具,用户可以在窗体上设计各种控件,其中 20 个控件称为标准控件(注意,指针不是控件,仅用于移动窗体和控件,以及调整它们的大小)。用户也可通过"工程|部件"命令将 Windows 中注册过的其他控件装入到工具箱中。

在设计状态时,工具箱总是显示的。若要不显示工具箱,可以关闭工具箱窗口;若要再显示工具箱,选择"视图|工具箱"命令。在运行状态下,工具箱自动隐藏。

1.3.7　其他窗口

VB 除了上述几种常用的窗口外,在集成环境中还有其他一些窗口,例如窗体布局窗口、立即窗口、对象浏览窗口、监视器窗口等,这些窗口可通过"视图"菜单中的有关菜单项打开。其他窗口将在后面的章节中介绍。

1.4　简单应用程序的建立与执行方式

1.4.1　创建应用程序的过程

在 VB 中,创建一个应用程序,被称为创建一个工程。一个应用程序是由若干个不同类型的文件组成的。

前面简单介绍了 VB 的集成开发环境及其各个窗口的作用,下面通过一个简单的实例来说明完整 VB 应用程序的建立过程。建立一个 VB 应用程序分为以下几个步骤:

① 建立用户界面的对象;

② 对象属性的设置;

③ 创建对象事件过程及编程;

④ 运行和调试程序;

⑤ 保存程序和生成可执行文件。

例 1.1　制作一个简单的加法计算器程序,界面如图 1.4 所示。

图 1.4　简单的加法计算器

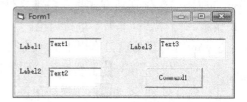

图 1.5　添加控件后

下面按照上述步骤建立这个简单程序。

1. 在窗体窗口建立用户界面

在 VB 中要解决一个实际问题,首先考虑该程序的界面,界面主要提供给用户输入数据、显示处理后的结果。关键是选择所需的控件对象,进行合理的界面布局。

然后进行新工程(一个应用程序是一个工程)的建立,可以通过"文件|新建工程"命令来建立一个新的工程,在窗体上进行用户界面的设计。

例 1.1 中涉及 8 个对象:Form1(窗体)、3 个 Label(标签)、3 个 TextBox(文本框)和 1 个 Command-Button(命令按钮)。窗体是上述控件对象的载体,新建项目时自动创建;标签用来显示信息,不能用于输入;文本框用来输入数据也可显示;有关这些控件的详细使用说明见第 2 章。添加控件后效果如图 1.5 所示。

2. 在属性窗口设置控件对象属性

对象建立好后,就要为其设置属性值。属性是对象特征的表示,各类对象中都有默认的属性值,设置对象的属性是为了使对象符合应用程序的需要。设置对象属性步骤如下:

① 单击待设置属性的对象(可以是窗体或控件)。

② 在属性窗口选中要修改的属性,在属性值栏中输入或选择所需的属性值。例如将 Label1 的 Caption 设置为"加数 1",如图 1.6 所示。

图 1.6　设置属性

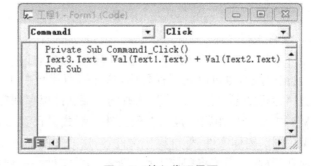

图 1.7　输入代码界面

本例中各控件对象的有关属性设置如表 1.1 所示。

表 1.1　对象属性设置

控件名(Name)	相关属性
Form1	Caption:加法计算器
Label1	Caption:加数 1
Label2	Caption:加数 2
Label3	Caption:和
Text1	Text:空白
Text2	Text:空白
Text3	Text:空白
Command1	Caption:计算

注意：

① 要建立多个相同性质的控件，不要通过复制的方式，应逐一建立。

② 若窗体上各控件的字号等属性要设置相同的值，不必逐个设置，只要在建立控件前，将窗体的字号等属性进行设置，以后建立的控件就都具有该默认属性值。

③ 属性表中 Text(文本)的"空白"表示无内容。

3. 创建对象事件过程及编程

建立了用户界面并为每个对象设置属性后，就要考虑用什么事件来激发对象执行所需的操作。这涉及创建对象的事件和编写事件过程代码。编程总是在代码窗口进行的。

代码窗口的左侧对象列表框列出了该窗体的所有对象(包括窗体)，右侧的过程列表框列出了与选中对象相关的所有事件。

双击"确定"按钮，在代码窗口的"Command1_Click"事件中输入如图 1.7 所示的代码。

4. 运行和调试程序

现在，一个完整的应用程序已经设计好，可以利用工具栏的" ▶ "启动按钮或按 F5 键运行程序。

VB 程序先编译，检查有无语法错误。若有语法错误，则显示错误信息，提示用户修改；若没有语法错误，则执行程序，用户可以在窗体的文本框中输入数据，单击命令按钮执行相应的事件过程。

用鼠标单击工具栏的停止按钮" ■ "，程序运行结束，系统又回到设计状态。

5. 保存工程文件

至此，已完成了一个简单的 VB 应用程序的建立过程，就可以保存工程了。

运行程序前，也可以先保存程序，这样可以避免由于程序不正确造成死机时程序的丢失。程序运行结束后还要将经过修改的有关文件保存到磁盘上。

VB 中，一个应用程序是以工程文件的形式保存到磁盘上的。一个工程中涉及多种文件类型，例如，窗体文件、标准模块文件等，这些文件都独立存放在磁盘上。

保存工程时，系统将把该工程的所有相关文件一一保存；在打开一个工程文件时，系统也将把该工程文件中包含的所有文件同时装载。

本例仅涉及一个窗体，因此，只要保存一个窗体文件和工程文件。保存文件的步骤如下：

① 保存窗体文件。选择"文件 Form1 另存为"命令，在"文件另存为"对话框中选择保存的文件夹，输入保存的文件名(本例为 vb01，自动添加扩展名.frm)。

② 保存工程文件。选择"文件|工程另存为"命令，在"工程另存为"对话框中提示用户输入文件名，操作同上。本例工程文件名为 vb01.vbp。

至此，一个完整的应用程序编制完成。若用户要再次修改或运行该文件，只需双击工程文件名，就可把磁盘上的文件调入内存进行操作。

6. 生产可执行文件

使用"文件"菜单中的"生成[工程名].exe"命令，即可把设计完成并经过调试的工程编译成可脱离 VB 环境独立运行的可执行程序。

1.4.2   VB 程序结构和编码规则

任何一种程序设计语言都有自己的语法格式和编码规则，编写程序如同写文章，有它的书写规则,初学者应严格遵循;否则程序会出现编译错误。对于 VB 语法格式将在后面几章中逐一介绍。

1. 程序结构

以目前仅涉及的一个 Form 窗体为例,简述简单程序的结构。

在代码窗口中,最上面的是通用声明段,主要编写对模块级以上的变量声明、Option 选项的设置等,不能写控制结构等语句。

VB 程序代码是块结构,也就是构成程序的主体是事件过程或自定义过程,块的先后次序与程序执行的先后次序无关。

2. 编码规则

(1) VB 代码不区分字母的大小写

为提高程序的可读性,VB 对用户程序代码进行自动转换,主要规则如下:

　　① 对于 VB 中的关键字,首字母总被转换成大写,其余字母被转换成小写,如 If。
　　② 若关键字由多个英文单词组成,它将会每个单词首字母转换成大写,如 ElseIf。
　　③ 对于用户自定义的变量、过程名,VB 以第一次定义的为准,以后输入的自动向
　　　　首次定义的转换。

(2) 语句书写

　　① 同一行上可以书写多条语句,语句间用冒号":"分隔,一行最多可达 155 个字
　　　　符。例如要将 3 个文本框清空,可以在一行上书写 3 条语句:
　　　　　　Text1. Text = "" : Text2. Text = "" : Text3. Text = ""
　　② 单行语句可分若干行书写,在本行末尾加入续行符"_"(空格和下划线)。例如:
　　　　　　Text3. Text = Val(Text1. Text)　　+　　_
　　　　　　Val(Text2. Text)
　　等价于:
　　　　　　Text3. Text = Val(Text1. Text) + Val(Text2. Text)
　　③ 为便于阅读,程序中一般一行只写一条语句。

(3) 增加注释有利于程序的阅读、维护和调试

　　① 注释一般用撇号"'"引号注释内容,用撇号引导的注释可以直接出现在语句
　　　　后面。
　　② 也可以使用"编辑"工具栏的"注释"、"取消"按钮,对选中的若干行语句增加注
　　　　释或取消注释,十分方便。

1.4.3　VB 的执行方式

VB 的程序是高级语言,需要由编译成计算机可以识别的机器语言,才能执行。VB 的执行方式有编译和解释两种执行方式。

1. 编译执行

编译执行是在编写完程序之后,将代码转换成机器代码,即可执行程序,然后直接交操作系统执行,也就是说程序是作为一个整体来运行的。这类程序语言的优点是执行速度比较快,另外,编译链接之后可以独立在操作系统上运行,不需要其他应用程序的支持;缺点是不利于调试,每次修改后都要执行编译链接等步骤,才能看到其执行结果。

2. 解释执行的语言

解释执行是程序读入一句执行一句,而不需要整体编译链接,这样的语言与操作系统的相关性相对较小,但运行效率低,而且需要一定的软件环境来做源代码的解释器。当然,有些解释执行的程序并不是使用源代码来执行的,而是需要预先编译成一种解释器能够识别的格式,再解释执行。

1.5 VB 的学习

从例 1.1 大家可以体会到 VB 的特点,看到 VB 所见即所得的友好界面。但要真正掌握 VB 并非如此简单。如何学习 VB,首先需要分析 VB 程序的组成,VB 程序分成两个部分。

1. Visual 可视化界面设计

Visual 的含义是程序在运行时在计算机屏幕上展示的界面。其作用是与用户交互、接受或显示数据。这部分是由 VB 提供的窗体、菜单、对话框、按钮、文本框等控件集成起来的,用户只要像“搭积木”一样根据需要“拿来”使用,然后设置相关的属性就可获得自己所需的界面。

2. Basic 程序设计

这个部分主要是对获得的数据进行处理,是程序的主体,实质所在。主要涉及程序设计方法、算法设计、代码编写。虽然 Basic 语言具有简单易学的特点,但这只是语言的表示形式。不同语言的算法设计是相通的,也是语言学习中的难点。计算机编译系统对代码的正确书写规则要求非常苛刻,任何微小的差错都是不能容忍的。

以上两个部分,前者界面设计直观、简单,简易掌握;后一部分涉及解题思路分析、算法设计、代码编写等多个环节,难度较大,相对而言会枯燥些。对于简单程序,前者占的比重大,学习起来相对较简单;对于复杂程序,后者则占主要精力。这两部分的特点使初学者产生 VB 学习“进门容易,入道难”的印象。实际上,不论哪种程序设计语言,主体都是在后者,是程序功能的实质所在。学习程序设计是一个不断学习、实践、积累和掌握的过程,没有任何捷径。程序设计的目的就是培养人们分析问题的能力、逻辑思维的方式、解决实际问题的能力。

习 题 1

1. Visual Basic 的编程机制是(　　)。

　　A. 可视化　　　　B. 面向对象　　　C. 面向图形　　　D. 事件驱动

2. VisualBasic 6.0 集成环境的主窗口中不包括(　　)。

　　A. 标题栏　　　　B. 菜单栏　　　　C. 状态栏　　　　D. 工具栏

3. Visual Basic 集成环境的大部分窗口都可以从主菜单项(　　)的下拉菜单中找到相应的打开命令。

　　A. 编辑　　　　　B. 视图　　　　　C. 格式　　　　　D. 调试

4. 下列不是 Visual Basic 文件的是(　　)。

　　A. ＊.frm 文件　　　　　　　　　B. ＊.bas 文件

　　C. ＊.cls 文件　　　　　　　　　D. ＊.txt 文件

5. 保存一个工程至少应保存两个文件,这两个文件分别是(　　　)。

　　A. 文本文件和工程文件　　　　　B. 窗体文件和工程文件

　　C. 窗体文件和标准模块文件　　　D. 类模块文件和工程文件

6. 双击窗体的任何地方,可以打开的窗口是(　　　)。

　　A. 代码窗口　　　　　　　　　　B. 属性窗口

　　C. 工程管理窗口　　　　　　　　D. 以上 3 个选项都不对

7. 简述 VB 应用程序开发的步骤。

8. 简要说明 VB 工程的组成。

第 2 章　VB 编程基础

对象是 VB 中的重要概念,这一章将讨论 VB 中最基本的两种对象,即窗体和控件。

2.1　基本概念

人们想用计算机解决一个问题,必须事先设计好计算机处理信息的步骤,把这些步骤用计算机语言描述出来,计算机才能按照人们的意图完成指定的工作。我们把计算机能执行的指令序列称为程序,而编写程序的过程称为程序设计。

2.1.1　程序设计方法的发展

程序设计是伴随着计算机的产生和发展而发展起来的。程序设计发展大体分为 3 个不同的时期。

1. 初期程序设计

早期出现的计算机,由于硬件条件限制了运算速度与存储空间,因此程序员为追求高效率,在程序中大量使用 GoTo 语句,形成 BS(a Bowl of Spaghetti,一碗面条式的)程序,造成程序的可读性、可维护性很差,通用性更差。

2. 结构化程序设计

结构化程序设计是 20 世纪 70 年代狄克斯特拉提出的。它规定了程序的结构由顺序、选择、循环 3 种基本结构组成,每种结构都是单入口和单出口,限制使用 GoTo 语句,整个程序如一串珠子一样依次串连而成;提出了自顶向下、逐步求精、模块化等程序设计原则。程序简明性、可读性、可维护性成为评价程序质量的首要条件。

结构化程序设计技术虽然得到了广泛应用,但也有不足之处:该方法实现中将数据和对数据处理过程分离为相互独立的实体,当程序复杂时,容易出错,难以维护;其次其存在与人思维不协调的地方,难以自然、准确地反映真实世界。随着软件开发规模的扩大,仅使用结构化程序设计方法已经不能满足软件开发的需求。

3. 面向对象程序设计

面向对象程序设计是 20 世纪 80 年代初提出的,起源于 Smalltalk 语言,以降低程序的复杂性、提高软件的开发效率为目标。

面向对象程序设计方法是一种以对象为基础,以事件或消息来驱动对象执行相应处理的程序设计方法。它将数据及对数据的操作封装在一起,作为一个相互依存、不可分离的整体——对象;它采用数据抽象和信息隐蔽技术,将这个整体抽象成一种新的数据类型——类。面向对象程序设计以数据为中心而不是以功能为中心来描述系统,因而非常适合于大型应用程序与系统程序的开发。

用 VB 开发应用程序的过程,实际就是在对这些控件对象进行交互的过程,就如同"搭积木"的拼装过程。这种面向对象、可视化程序设计的风格简化了程序设计。

因此,正确地理解和掌握对象的概念,是学习 VB 程序的基础。本节从使用的角度简述类和对象,对象的属性、方法和事件三要素的有关概念。

2.1.2 类和对象

1. 对象

对象是面向对象程序设计的核心,是构成应用程序的基本元素。在现实生活中,任何一个实体都可以看作一个对象,如一个人、一辆汽车、一台电脑等都是一个对象;一份报表、一张账单也是一个对象。任何对象都具有各自的特征、行为。人具有身高、体重、视力、听力等特征;也具有站立、行走、说话等行为。对象把反应事物的特征和行为封装在一起,作为一个独立的实体来处理。

2. 类

类是对同种对象的抽象描述,是创建对象的模板。在一个类中,每个对象都是这个类的一个实例。例如,人类是人的抽象,一个个不同的人是人类的实例。每个人具有不同的身高、体重等特征值和不同的站立、行走等行为。类包含所创建对象的特征描述用数据表示,称为属性;对象的行为用代码来实现称为对象的方法。

在 VB 中,工具箱上的可视图标是 VB 系统设计好的标准控件类,例如,命令按钮类、文本框类等。通过将控件类实例化,可以得到真正的控件对象,也就是当在窗体上画一个控件时,就将类实例化为对象,即创建了一个控件对象,简称控件。

除了通过利用控件类产生控件对象外,VB 还提供了系统对象,例如,打印机(Printer)、剪贴板(Clipboard)、屏幕(Screen)、应用程序(App)等。

窗体是个特例,它既是类也是对象。当向一个工程添加一个新窗体时,实质就是由窗体类创建了一个窗体对象。

2.1.3 对象的属性、方法和事件

属性、方法和事件构成了对象的三要素。属性可用来描述同一类事物的特征,方法可描述同一类事物可做的操作,而事件是对象的响应,决定了对象之间的联系。

1. 属性

对象中的数据就保存在属性中。VB 程序中的对象都有许多属性,它们是用来描述和反映对象特征的参数。例如,控件名称(Name)、标题(Caption)、文本(Text)、颜色(Color)、字体(FontName)、可见性(Visible)等属性决定了对象展现给用户的界面具体有什么样的外观及功能。不同的对象具有各自不同的属性,用户可查阅帮助系统了解对象的具体属性。

可以通过以下两种方法设置对象的属性:

(1) 在设计阶段利用属性窗口直接设置对象的属性值;

(2) 在程序运行阶段即在程序中通过赋值语句实现,其格式为:

对象名.属性名 = 属性值

例如,给一个对象名为 Command1 的命令按钮的 Caption 属性赋值为"退出",即按钮显示为"退出",其在程序中的赋值语句为:

Command1.Caption = "退出"

大部分属性既可在设计阶段也可在程序运行阶段设置,这种属性称为可读写属性;也有一些属性只能在设计阶段通过属性窗口设置,在程序运行阶段不可改变,称为只读属性。

2. 方法

方法是附属于对象的行为和动作的,也就是可以理解为指使对象动作的命令。面向对象程序设计语言为程序设计人员提供了一种特殊的过程,称为方法,供用户直接调用,这给用户的编程带来了很大方便。因为方法是面向对象的,所以在调用时一定要用对象。对象方法的调用格式为:

    对象名.方法〔参数名表〕

例如:

    Text1.SetFocus

此语句使 Text1 控件获得焦点,就是在文本框内有闪烁的插入点光标,表示在该文本框内可输入信息。VB 提供了大量的方法,将在以后控件对象的使用中介绍。

3. 事件

(1) 事件

对于对象而言,事件就是发生在该对象上的事情。同一事件,作用于不同的对象,会引发不同的反应,产生不同的结果。例如,在学校,教学楼的铃声是一个事件,教师听到铃声就要准备开始上课,向学生传授知识;学生听到铃声,就要准备听课,接受知识;行政人员不受铃声影响,可不响应。

在 VB 中,系统为每个对象预先定义好了一系列的事件。例如,单击(Click)、双击(DblClick)、装载(Load)、获取焦点(GotFocus)、键按下(KeyPress)事件等。

(2) 事件过程

当在对象上发生了某个事件后,应用程序就要处理这个事件过程。例如上述铃声事件,对于教师对象就要编写授课的事件过程;对学生对象编写听课事件过程;对行政人员对象,不受铃声影响,则不必编写事件过程。

```
Sub 教师_铃响()          Sub 学生_铃响()          Sub 行政人员_铃响()
    打开电脑                  翻开书本                  End Sub
    打开电子讲稿              拿起笔
    指向某一章节              边听边做笔记
    讲解内容                  回答问题
    提出问题                  ……
    ……                   End Sub
End Sub
```

VB 事件过程的形式如下:

```
Private Sub 对象名_事件名(〔参数名表〕)
    ……                              '事件过程代码
End Sub
```

其中

对象名:对象的 Name 属性。对初学者一般用控件的默认名称。

事件名:VB 预先定义好的赋予该对象的事件,并能被该对象识别。

参数列表:一般无,有些事件带有参数,例如 KeyPress 事件。

事件过程代码：用来指定处理该事件的程序。

下面是一个命令按钮的事件过程，作用是将文本框的字体改为黑体。

```
Private Sub Command1_Click()
    Text1.FontName = "黑体"
End Sub
```

(3) 事件驱动程序设计

在面向对象的应用程序中，应用程序自身控制了执行哪一部分代码和按何种顺序执行代码，即代码的执行是从第一行开始，随着程序流执行代码的不同部分。程序执行的先后次序由设计人员编写的代码决定，用户无法改变程序的执行流程。

执行 VB 应用程序时，系统装载和显示窗体后，系统等待某个事件的发生，然后去执行该事件过程，事件执行完后，又处于等待状态，这就是事件驱动程序设计方式。用户对这些事件驱动的顺序决定了代码执行的顺序，因此，应用程序每次运行时所经过的代码的路径可能都是不同的。

2.2　窗体

2.2.1　VB 对象的基本属性

1. Name 属性

所创建的对象名称，所有的对象都具有的属性。所有的控件在创建时由 VB 自动提供一个默认名称，例如 Label1、Text1、Command1 等，也可根据需要更改对象名称。Name 属性只能在设计阶段通过属性窗口设置，在程序运行阶段不可改变，是只读属性。因为在应用程序中，对象名称是作为对象的标识在程序中引用的。

2. ForeColor/BackColor 属性

这组属性分别用来设置对象上文本或图形的前景色和背景色。在属性窗口设置时，会弹出系统默认颜色或 RGB 调色板（见图 2.1）。在程序代码中，可以使用系统颜色常量 VbColor 或 RGB 函数来设置。

(a) 系统默认颜色　　　　　　　(b) 调色板

图 2.1　ForeColor 属性设置

若将窗体的背景色设置为红色,可使用以下 3 种方法:

```
Form1.BackColor = vbRed          'vbRed 是系统预留的常量
Form1.BackColor = RGB(255,0,0)
                    'RGB 函数中 3 个参数分别表示 0～255 的红、绿、蓝三种颜色分量
Form1.BackColor = &HFF           '&HFF 为十六进制的数值常量
```

3. Font 属性

(1) FontName 属性:表示字体类型,是字符型。

(2) FontSize 属性:表示字体大小,是整型。

(3) FontBold 属性:表示粗体,是逻辑型。

(4) FontItalic 属性:表示斜体,是逻辑型。

(5) FontUnderLine 属性:表示带下划线,是逻辑型。

(6) FontStrikethru 属性:表示有删除线,是逻辑型。

4. Left/Top/Width/Height 属性

每个对象被创建时都有位置坐标和大小属性。Left 属性和 Top 属性分别表示对象左上角在直接容器中的坐标,即该对象在直接容器中的左边距和上边距;Width 属性和 Height 属性分别表示对象的宽度和高度。这组属性值的单位都是 twip,1 twip = 1/20 磅,如图 2.2 所示。

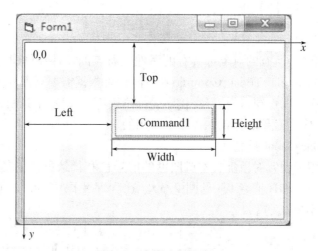

图 2.2 容器坐标示意图

注意:在 VB 中容器的默认坐标系统为:坐标原点设在容器的左上角,横向向右为 x 轴正方向,纵向向下为 y 轴正方向。

5. Enabled 属性

大部分控件对象的 Enabled 属性决定是否响应用户或系统事件,是逻辑型。当值为 True(默认值),则能有效响应;当值为 False,则禁止响应。

一般从对象的外观上能反映该属性的值,若为无效时,呈灰色显示。

注意:并不是所有的控件对象都有该属性,直线和形状控件就属例外。

6. Visible 属性

Visible 属性决定对象在程序运行时是否可见,是逻辑型。当值为 True(默认值),表示

对象显示;当值为 False,表示对象隐藏,但对象仍然存在。

注意:Enabled 属性和 Visible 属性的区别。

2.1.2　窗体的常用属性

1. Name 属性

工程创建后,可以新建多个窗体,系统为应用程序的第一个窗体的缺省命名是 Form1,之后依次为 Form2、Form3……在代码中使用赋值语句"[对象名.]属性名＝表达式"修改窗体属性值时,对象名可以是窗体的 Name 属性值,也可以使用关键字 Me。

2. Caption 属性

窗体标题是出现在窗体标题栏中的文本内容,仅在外观上起到提示和标志的作用,默认值为窗体 Name 属性的默认值。在程序运行时,可以通过代码修改该属性值。

注意:Name 属性和 Caption 属性的区别。

3. MaxButton/MinButton 属性

这两个属性均为逻辑型。当值为 True(默认值),表示窗体右上角有最大/最小化按钮;当值为 False,表示窗体右上角没有最大/最小化按钮。

4. BorderStyle 属性

该属性用来设置窗体的外观,且只能在属性窗口设置。取值范围 0～5,默认为 2。当 BorderStyle 属性为除 2 以外的值时,系统将 MaxButton 和 MinButton 属性设置为 False。

0—None:窗体无外框无标题栏,无法移动及改变大小。

1—Fixed Single:窗体为单线外框有标题栏,可移动,但不可改变大小。

2—Sizable(默认值):窗体为双线外框,可移动,可改变大小。

3—Fixed Dialog:窗体为双线外框,可移动,但不可改变大小。

4—Fixed Tool Windows:窗体有标题栏但标题栏字体缩小,无控制菜单,不可改变大小。

5—Sizable Tool Windows:窗体有标题栏但标题栏字体缩小,无控制菜单,可改变大小。

5. Picture 属性

若要使窗体界面更加美观,可以通过 Picture 属性设置其背景图片。该属性可以通过属性窗口设置,也可以通过代码设置。当然,要显示的图片应以文件的形式保存在磁盘上,通过确定其路径和文件名找到该文件。若用代码实现,要借助 LoadPicture 函数,格式参见 2.2.4。

2.2.3　窗体的方法

窗体上常用的方法有 Print、Cls 和 Move 等;多重窗体使用 Show、Hide、ShowDialog 等方法。

1. Print 方法

这是窗体的一个最重要的方法,功能是在窗体上输出数据和文本。格式如下:

　　　[对象名.] Print　[输出列表][{;|,}]

更详细介绍见 4.1.4 小节数据的输出。

2. Cls 方法

Cls 方法清除窗体上在运行时由 Print 方法显示的文本或用画图方法所显示的图形。窗体在设计时绘制的文本和图形不会被清除。格式如下：

〔对象名.〕Cls

注意：若省略〔对象名.〕，则表示当前窗体。该方法无参数。

3. Move 方法

窗体和大多数控件对象都有 Move 方法，并且在移动的同时还可以改变对象的大小。格式如下：

〔对象名.〕Move　Left,〔Top〕,〔Width〕,〔Height〕

2.2.3　窗体的事件

窗体的事件较多，最常用的事件有 Click、DblClick、Load、Activated 和 Resize 等。

1. 基本事件介绍

Click：单击窗体触发该事件。

DblClick：双击窗体触发该事件。

Load：当窗体启动时，自动触发该事件。所以该事件通常用来在启动应用程序时对属性和变量进行初始化。

Activated：当单击一个窗体，使其变成活动窗体时，就会触发该事件。

Resize：当改变窗体的大小时，就会触发该事件。

2. 窗体事件过程的书写格式

窗体事件过程的一般形式如下：

```
Private Sub Form_事件名（〔参数列表〕）
    〔程序代码〕
End Sub
```

格式说明：

（1）不管窗体的 Name 属性为何，事件过程名都是由"Form"、"_"（下划线）和具体的事件名组成。若是其他控件对象的事件过程，则事件过程名由对象具体的 Name 属性值、"_"和具体的事件名组成。

（2）每个事件过程前都有"Private"关键词，表明该过程是模块级的；"Sub"关键词表示这是一个子过程。

（3）事件有无参数由 VB 本身决定，用户无权修改。

例 2.1　编写窗体的 Click 和 DblClick 事件过程。

（1）新建工程。

（2）在代码窗口输入以下程序代码。

```
Private Sub Form_Click()        '窗体对象的 Click 事件过程
    Form1. Print "鼠标单击!"     '在窗体上显示"鼠标单击!"
End Sub


Private Sub Form_DblClick()      '窗体对象的 DblClick 事件过程
    Form1. Print "鼠标双击!!"    '在窗体上显示"鼠标双击!!"
```

　　End Sub

（3）保存后运行程序。

　　每当在窗体上单击一次鼠标左键，就会触发窗体的 Click 事件，调用该过程中的 Print 方法，在窗体上显示一行"鼠标单击！"；每当在窗体上双击一次鼠标，在窗体上就会显示一行"鼠标单击！"和一行"鼠标双击！！"，这是因为鼠标双击操作不但能触发窗体的 DblClick 事件，还能触发窗体的 Click 事件，并且是先触发 Click 事件后触发 DblClick 事件。运行结果如图 2.3 所示。

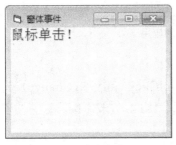 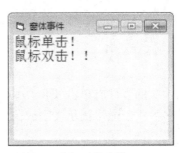

（a）单击窗体　　　　　　　　　　　　（b）双击窗体

图 2.3　窗体事件运行效果

2.3　VB 的基本控件

2.3.1　标签

　　当希望在"窗体"固定位置上，对输入的数据给予提示或对显示的数据给予说明，可用标签来显示（输出）文本信息。但是"标签"不能作为输入信息的控件。也就是说，标签控件的内容只能用 Caption 属性来设置或修改，不能直接编辑。

1. 主要属性

（1）Caption 属性：是标签的重要属性，用于显示文本信息。

（2）Alignment 属性：用来指定标签上显示文本的位置，3 种取值含义如下。

　　　0—Left Justify（默认），表示标题内容左对齐。

　　　1—Right Justify，表示标题内容右对齐。

　　　2—Center，表示标题内容居中对齐。

（3）AutoSize 属性：用来设置标签框的自动调节大小功能，2 种取值含义如下。

　　　True，表示自动调节大小以适应标签中文字的大小。

　　　False（默认），当标签内容长度超出标签框长度时，超出部分不显示。

（4）BackStyle 属性：用于指定标签的背景样式，2 种取值含义如下。

　　　0—Transparent，标签为"透明"的。

　　　1—Opaque（默认），标签将覆盖背景。

（5）BorderStyle 属性：用于指定标签控件是否有边框，2 种取值含义如下。

　　　0—None（默认），表示标签无边框。

1—Fixed Single，表示标签有边框，例如图 2.4 所示。

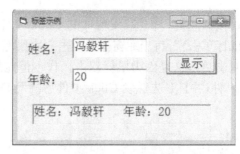

图 2.4　标签的应用

2. 事件

标签可以响应的事件有单击(Click)、双击(DblClick)和改变(Change)等。但实际界面上的标签控件多数用于显示提示文字或输出结果。因此，一般不编写标签的事件过程。

2.3.2　文本框

在窗体上使用"标签"工具只能显示信息，却无法输入或修改信息。假若你需要在窗体上输入或修改信息，此时就必须使用工具箱的 [ab] 文本框工具来完成。所以"文本框"是可以用来输入、修改和显示信息的工具。

1. 主要属性

（1）Text 属性：是文本框最重要的一个属性，用户在文本框输入、编辑和显示的文本内容就保存在 Text 属性中。因此，常常通过赋值语句得到该属性值，从而实现数据的输入或输出。

（2）MaxLength 属性：用于设置文本框中允许的最大字符数，默认值为 0，表示在文本框能容纳的字符数(64K)之内没有限制。若超过这个范围，可用其他控件来代替文本框，如 RichTextBox 控件。

（3）MultiLine 属性：用于设置文本框中的文本能否以多行的形式出现。

　　True，表示可输入和显示多行文本。

　　False(默认)，表示只能输入单行文本。

（4）ScrollBars 属性：用于设置文本框中是否出现滚动条。本属性只有在 MultiLine 属性为"True"时才有效。4 种取值含义如下。

　　0—None(默认)，表示无滚动条。

　　1—Horizontal，表示有水平滚动条。

　　2—Vertical，表示有垂直滚动条。

　　3—Both，表示既有水平滚动条又有垂直滚动条。

（5）PasswordChar 属性：用于口令输入。默认值是空字符串，表示用户可以看到输入的字符；如果将该属性设置为某个字符(例如，＊)，则表示文本框用于输入口令，用户输入的每个字符均以该字符显示，但系统仍然可以正确地获取用户实际输入的内容。

（6）SelLength 属性：表示当前选中的字符数。当在文本框中选择文本时，该属性值会随着选择字符的多少而改变；也可以在程序代码中把该属性设置为一个整数值，由程序来改变。若 SelLength 为 0,则表示未选中任何字符。该属性及下面的 SelStart 属性、SelText 属性,只有在运行期间才能设置。

(7) SelStart 属性:定义当前选择的文本的起始位置。0 表示选择的开始位置在第一个字符之前,1 表示从第二个字符之前开始选择,以此类推。该属性也可以通过程序代码设置。

(8) SelText 属性:表示当前所选择的文本字符串,如果没有选择文本,则该属性为空字符串;如果在程序中设置了 SelText 属性,则用该值代替文本框中选中的文本。例如,假定文本框 Text1 中有下列一行文本:

　　　Microsoft Visual Basic Programming

并选择了"Basic",则执行语句

　　　Text1. SelText = " C ++ "

后,上述文本将变成:

　　　Microsoft Visual C ++　Programming

在这种情况下,属性 SelLength 的值将随着改变,而 SelStart 不会受影响。

(9) Locked 属性:用于指定文本框是否可以被编辑,2 种取值含义如下。

　　True,表示文本框内容是只读的、类似于标签。

　　False(默认),表示文本框内容可读写。

2. 事件

(1) Change:当用户在文本框中输入或程序在运行过程中对文本框的 Text 属性进行修改时,触发该事件。

(2) KeyPress:当用户按下并释放键盘上的一个 ANSI 键时,触发该事件。KeyPress 事件会返回一个 KeyAscii 参数到该事件过程中。用户通常在输入结束时按下回车键,因此,KeyPress 事件常用于对输入的是否为回车符(KeyAscii 的值为 13)进行判断,输入结束时检查数据的合法性。

(3) LostFocus:当按下 Tab 键使光标离开当前文本框或者用鼠标选择窗体中的其他对象时触发该事件。

(4) GotFocus:与 LostFocus 事件相反,GotFocus 是当文本框获得焦点时发生的事件。

3. 方法

SetFocus 是文本框中较常用的方法,格式如下:

　　〔对象名.〕SetFocus

该方法可以把焦点定位到该对象上。当在窗体上建立了多个文本框后,可以用该方法把光标置于所需要的文本框,例如 Text1. setfoucs。

注意:标签不能获得焦点,所以不能使用 setfoucs 方法。

例 2.2　利用文本框实现两个数相加。要求对输入的被加数和加数进行合法性检测。

分析:

① 对输入的数据合法性检验,使用 IsNumeric 函数判断。

② 数据输入结束,可通过回车键或按 Tab 键两种方式,当然引发的事件不同。按回车键,焦点没有离开,可通过 KeyPress 事件来判断;按 Tab 键,焦点离开控件,通过 LostFocus 事件来判断。本例分别利用 LostFocus、KeyPress 两个不同的事件过程实现。

本例有 3 个文本框,存放两个加数和结果;两个标签,存放"+"和"=",运行界面如图 2.5 所示。

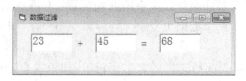

图 2.5   例 2.2 运行界面

程序代码如下:

```
Private Sub Text1_LostFocus()                    '按 Tab 键,激发该事件
    If Not Is Numeric(Text1) Then                'Is Numeric 函数判断 Text1 中是否为数字
        Text1 = ""                               '有非数字字符,清除 Text1 中的内容
        Text1. SetFocus                          '焦点重新回到 Text1,继续输入
    End If
End Sub


Private Sub Text2_KeyPress(KeyAscii As Integer)
    If KeyAscii = 13 Then                        '表示按回车键输入结束,但焦点没有离开
        If Not IsNumeric(Text2) Then             'Is Numeric 函数判断 Text2 的内容是否为数字
            Text2 = ""                           '重新输入
        End If
    End If
End Sub


Private Sub Text3_GotFocus()
    Text3 = Val(Text1) + Val(Text2)
End Sub
```

运行程序,当输入非法数据时,焦点永远离不开 Text1,直到输入合法数据为止。

2.3.3   按钮控件

命令按钮是一种很常用的控件,基本上在所有的窗口都可以用到。它的主要作用是在被单击之后,执行一个具体的操作。该操作需要由相应的事件过程中的程序代码决定。

1. 主要属性

(1) Caption 属性:显示在按钮表面上的文字,一般说明了单击后执行的操作。如果某个字母前加入"&",则程序运行时标题中的该字母带有下划线,带有下划线的字母就成为快捷键,当用户按下 Alt + 快捷键,便可激活并操作该按钮。例如,在对某个按钮设置其 Caption 属性时输入"&Run",程序运行时就会显示"Run",当用户按下 Alt + R 快捷键,便可执行"Run"按钮事件过程。

(2) Cancel 属性:当一个命令按钮的 Cancel 属性被设置为 True 时,按 Esc 键与单击该命令按钮的作用相同。在一个窗体中,只允许有一个命令按钮的 Cancel 属性被设置为 True。

（3）Default 属性：当一个命令按钮的 Default 属性被设置为 True 时，按回车键与单击该命令按钮的效果相同。在一个窗体中，只允许有一个命令按钮的 Default 属性被设置为 True。

2. 事件

命令按钮最常用的事件是单击（Click）事件，当单击一个命令按钮时，触发 Click 事件。注意，命令按钮不支持双击（DblClick）事件。

例 2.3　单击"显示"按钮，将文本框中的内容综合显示在标签中。运行界面如图 2.4 所示。

程序代码如下：

```
Private Sub Command1_Click()
    Label3.Caption = "姓名:" & Text1.Text & "    " & "年龄:" & Text2.Text
End Sub
```

2.3.4　图片框和图像框

图片框和图像框是 VB 中用来显示图形的两种基本控件，用于在窗体的指定位置显示图形信息。图片框比图像框更灵活，且适用于动态环境，而图像框适用于静态情况，即不需要再修改的位图、图标、Windows 元文件及其他格式的图形文件。在 VB 的工具箱中，图片框和图像框控件的图标如图 2.6 所示。

　　　　（a）图片框Picture　　　　　　　　　　（b）图像框Image

图 2.6　图片框和图像框图标

图片框和图像框以基本相同的方式出现在窗体上，都可以装入多种格式的图形文件。其主要区别是：图像框不能作为容器，而且不能通过 Print 方法显示文本。

1. 主要属性

（1）Picture 属性：可用于窗体、图片框和图像框，通过该属性指定要显示的图像。有两种情况：

① 在设计状态下，使用"属性"窗口指定 Picture 属性。

这种方式将打开"加载图片"对话框，通过此对话框可以指定磁盘上已有的图形文件。加载之后，图片会被保存到二进制窗体文件中（与控件所在窗体.frm 文件同名，扩展名为.frx），运行时不再需要原图片文件。

② 在运行时通过 LoadPicture 函数加载图片。

加载背景图片的语句格式如下：

　　　［对象名.］Picture = LoadPicture（"文件路径、文件名"）

清空背景图片的语句格式如下：

　　　［对象名.］Picture = LoadPicture（）

这里对象名可以是 Picture1、Image1，也可以是 Form1。在显示图片时，总是把图片的左上角与控件的左上角重合。

（2）AutoSize 属性：该属性仅作用于图片框对象，2 种取值含义如下。

True：图片框随加载的图形大小而变。

False（默认）：图片框大小不变，若加载的图形比图片框大，则超过的部分将不被显示。

（3）Stretch：该属性仅作用于图像框控件，用于伸展图像。2 种取值含义如下。

True：加载的图形随图像控件的大小而变，此选项可通过控制图像控件的大小实现对图形的放大与缩小。

False（默认）：图像框的大小随着加载的图形大小而变，与图片框在 AutoSize 属性为 True 时的功能相同。

2. 事件

图片框能接受单击（Click）事件和双击（DblClick）事件。

3. 方法

图片框的 Print 方法类似于窗体的 Print 方法，其格式为：

　　［对象名.］Print　［输出列表］［｛；|，｝］

若为本窗体则对象名可省略，其他情况对象名不可省略。

例 2.4　设计一个图片交换程序，程序运行初始界面如图 2.7 所示。单击"交换"按钮，两个图片交换位置，如图 2.8 所示。

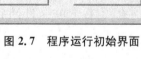

图 2.7　程序运行初始界面 　　　　　　　　图 2.8　图片交换结果

分析：

在窗体上添加三个图片框控件、两个命令按钮控件。界面布局如图 2.9 所示。

图 2.9　窗体界面布局

在"属性"窗口进行属性设置,如表 2.1 所示。

表 2.1　例 2.4 中对象属性设置

对象	属性名称	属性值
Form1	Caption	图片交换
	StartUpPosition	2—屏幕中心
Picture1	Picture	Morning. jpg
	AutoSize	True
Picture2	Picture	Dusk. jpg
	AutoSize	True
Picture3	Visible	False
Command1	Caption	交换
Command2	Caption	退出

程序代码如下:

```
Private Sub Command1_Click()
    Picture3. Picture = Picture1. Picture
    Picture1. Picture = Picture2. Picture
    Picture2. Picture = Picture3. Picture
End Sub

Private Sub Command2_Click()
    End
End Sub
```

习 题 2

1. 什么是类？什么是对象？什么是事件过程？

2. 事件和方法的区别是什么？

3. 有一个红色、充满氢气的气球，如果人不小心松开手抓的引线，它就会飞走；如果用针刺它，它会爆破。请问对于气球对象，哪些是属性，哪些是事件，哪些是方法？

4. 简述事件驱动过程程序的设计原理。

第3章　VB程序设计基础

在前两章中，介绍了最简单的 VB 编程以及基本控件的使用，读者对 Visual Basic 的 "Visual" 有了概要的了解，可利用控件快速地编写简单的小程序。但要编写真正有用的程序，离不开 Basic 程序设计语言。与任何程序设计语言一样，VB 规定了可编程的数据类型、表达式、基本语句、函数和过程等。本章主要介绍 VB 的数据类型、表达式和函数等语言基础知识。

3.1　VB 的数据

VB 具有强大的数据处理能力，具体表现在于它丰富的数据类型。除了控件的属性之外，VB 程序处理的数据主要有常量（Constant）和变量（Variable）两种形式。在程序中取值始终保持不变的数被称为常量，例如 3.14、"Hello"，常量可以是具体的数值，也可以是专门说明的符号，例如 vbRed、vbCrlf。变量以符号形式出现在程序中，且取值可以发生变化。

引例：根据输入的半径计算圆的周长和面积。

```
Const PI As Single = 3.141 59          'PI 为符号常量
Dim r As Integer                       'r 整型变量,存放圆的半径
Dim c As Single, s As Single           'c,s 为单精度变量,存放周长和面积 s
r = Val(Text1.Text)                    '输入半径
c = 2 * PI * r                         '计算圆的周长
s = PI * r * r                         '计算圆的面积
Print "圆的周长为:";c;"面积为:";s       '输出结果
```

3.2　数据类型

1. 基本数据类型

基本数据类型是由系统提供的，用户可以直接使用。表 3.1 列出了 VB 的基本数据类型、占用空间和表示范围等。

表 3.1 VB 的基本数据类型

数据类型分类			字节数	范围
数值	整数	整型(Integer)	2	− 32 768～32 767
		长整型(Long)	4	− 2 147 483 648～ − 2 147 483 647
	浮点数	单精度型(Single)	4	负数: − 3.402 823E38～ − 1.401 298E − 45 正数:1.401 298E − 45～3.402 823E38
		双精度型 (Double)	8	负数: − 1.797 693 134 862 32E308～ − 4.940 656 458 412 47E − 324 正数: 4.940 656 458 412 47E − 324～ 1.797 693 134 862 32E308
字符	变长字符串型(String)		10 + 串长	1～约 20 亿个字符
	定长字符串型(String ∗ n)		串长度	1～65 400 个字符
逻辑型(Boolean)			2	True 或 False
日期型(Date)			8	1/1/100～12/31/9999
货币型(Currency)			8	− 922 337 302 685 477.508 8～ 922 337 302 685 477.508 8
对象型(Object)			4	任何对象的引用
字节型(Byte)			1	0～255
变体型(Variant)			按需分配	

说明:

① 整数运算速度快、精确,但表示数的范围小;单精度和双精度用于保存浮点数(带小数点的数),两者区别是精度和数的范围大小;货币型是定点实数或整数,最多保留小数点右边 4 位小数和左边 15 位,用于货币计算;字节型存放无符号二进制数;变体型是缺省类型(即变量未声明类型),其类型由获取的数据决定,为使程序健壮,尽量少用。

② 在编程时可按照下面的方法决定何时使用哪种数据类型:数据用于计算,使用数据型(整型或单精度型);如果数据不可计算,使用字符串型。例如学号、姓名使用字符串型,成绩使用整型,助学金、工资使用货币型或单精度型。

3.3 常量和变量

3.3.1 常量

常量是在程序运行中不变的量,在 VB 中有 3 种常量:直接常量、用户声明的符号常量、系统提供的常量。

1. 直接常量

直接常量就是具体的某一数据类型的值,常量值直接反映了其类型,所以称为直接常量,又称为文字常量。

（1）数值常量

一般的数值常量由正负号、数字和小数点组成,正数的正号可以省略。在 VB 程序中除了人们常用的十进制数以外,还可以使用八进制数和十六进制数。

VB 在判断常量类型时是会存在多意性的。例如,值 10 可能是整型,也可能是长整型。在默认情况下 VB 默认选择内存容量最小的表示,10 通常作为整型数来处理。为了显示的指明值的类型,可以在数的后面加上类型符加以说明（具体参见表 3.3）。具体的表示方法,如表 3.2 所示。

表 3.2　最基本的数值常量举例

数据类型	表示形式	举例
整型	① 十进制:±n 或 ±n% ② 八进制:&O n ③ 十六进制:&H n	32767、-233、10% &O136 &H5E、&H5e
长整型	同整型	32768、123456 94&
单精度型	① 小数形式:±n.n 或 ±n! ② 指数形式:±n[.n]E±m	123.45! 0.123E5（即 0.123×10^5）
双精度型	同单精度型	-0.123、123.45♯ 0.123D5（即 0.123×10^5）

（2）字符串常量

把一串字符用引号括起来,就构成一个字符常量。字符串常量由字符组成,可以是除双引号和回车符之外的任何 ASCII 字符,其长度不能超过 65353 个字符（定长字符串）或 2^{31}（约 21 亿）个字符（变长字符串）。

例如:"Hello world"、"12345"、"你好!"、"a+b=c"

注意:

① 引号作为起止符,不作为字符串的内容。

② 只包含一个空格的字符串"□"被称为空格字符串,不包含任何内容的字符串""被称为空字符串。

③ 由于类型的不同 123 与"123"是不等价的,123 是整型的数,而"123"则作为字符串类型的数。

④ 若字符串中有双引号,例如,要表示字符串 a"bc,则用连续两个双引号表示,即"a""bc"。

（3）逻辑常量

逻辑型常量只有两个取值:True（真）或 False（假）。

（4）日期常量

日期常量的一般表现形式:♯mm/dd/yyyy♯,比如 2014 年 2 月 20 日就可以表示为♯2/20/2014♯。

2. 符号常量

常量也可以用一个符号来表示。用符号表示的常量被称为"符号常量",由用户定义了一个标识符代表一个常数值。

定义形式如下：

　　Const 符号常量名　［As 类型］＝ 表达式

符号常量名：命名规则依据标识符，为便于与一般变量名区别，符号常量名一般用大写字母。

As 类型：说明了该常量的数据类型，省略该选项，数据类型由表达式决定。用户也可在常量后加类型符。

表达式：可以是数值常数、字符串常数以及由运算符组成的表达式。

例如：

　　Const PI = 3.14159　　　　　　'声明了常量 PI，代表 3.14159，单精度型
　　Const Num As Integer = 10　　'声明了常量 Num，代表 10，整型
　　Const COUNTS# = 45.67　　　　'声明了常量 COUNTS，代表 45.67，双精度型

使用符号常量的好处是提高了程序的可读性；另外如果需要进行常数值的调整，只需在定义的地方一次性修改就可。

注意：

常量一旦声明，在其后的代码中只能引用，其值不能改变，即只能出现在赋值号的右边，不能出现在赋值号的左边。

3. 系统提供的常量

VB 提供许多系统预先定义的、具有不同用途的常量。它们包含了各种属性值常量、字符编码常量等，用 vb 为前缀。

例如：Form1. BackColor = vbRed　　　　'窗体的背景色设置为红色

最常用的是 vbCrLf，表示回车换行组合符，也可以用 Chr(13) + Chr(10)表示。

3.3.2　变量

1. 变量及特点

变量是在程序运行过程中其值可以变化的量。任何变量有以下特征：

（1）变量名：它是变量的标识符。

（2）数据类型：指明变量存放的数据类型。可以是数值、字符或日期等数据类型，不同类型，占用空间不同，存放的数据不同，进行的运算规则也不同。

（3）变量值：每个变量都占有一定的内存空间，用来存放对应数据类型的数据。

例如：

　　Dim n as Integer
　　n = 10

其中 n 为变量名，Integer 为数据类型，10 为变量的值。

2. 变量的命名规则

在 VB 中，通常会给常量、变量、函数、过程、各种控件名命名，命名要求遵循以下规则：

（1）由字母、数字和下划线组成，首字符必须是字母。

（2）不能使用 VB 程序设计语言中的关键字或有特定意义的符号，例如 Dim、If、For、Print 等。

（3）在作用域内必须唯一。

(4) VB 中不区分变量名的大小写。例如,XYZ,xyz,xYz 等都认为指的是一个相同的变量名。

下列是错误或使用不当的标识符:

3xy	'不能以数字开头
x - y	'不允许出现减号运算符
xy 123	'不允许出现空格
a%b	'不可以出现%

3. 变量的声明

变量的声明也称为变量的定义,声明变量的作用就是为变量指定变量名称和类型,系统根据声明分配相应的存储空间。在 VB 中可用两种方法声明。

(1) 显示声明

声明语句形式如下:

    Dim 变量名　〔As 类型〕

变量名:符合标识符命名规则。

As 类型:表示变量存放值的类型。方括号部分表示该部分可以缺省,缺省类型为变体型(Variant);"类型"可使用表 3.1 中所列出的关键字。

注意:

① 为方便定义,可在变量名后加类型符来代替"As 类型"。此时变量名与类型符之间不能有空格。类型符参见表 3.3 所示。例如:

    Dim x As Integer
    等价于 Dim x%

表 3.3　类型符说明

类型符	数据类型
%	整型
&	长整型
!	单精度型
♯	双精度型
@	货币型
$	字符型

② 变量定义后,会有相应类型的初始默认值,默认初值如表 3.4 所示。

表 3.4　变量的默认初值

变量类型	默认初值
Interger、Long、Single、Double	0
String	""(空)
Boolean	False
Object	Nothing
Date	0/0/0

③ 一条 Dim 语句可以同时声明多个变量,但每个变量的类型要逐一列出;否则类型为变体型。

例如:Dim x,y As String

等价于: Dim x,y $　　　　　'x 为 Variant 变体类型

④ 在 VB 中对于字符串变量类型,一个汉字和西文字符一样作为长度为 1 的一个字符存放。根据其存放的字符串长度固定与否,有两种方法声明:

　　Dim 字符串变量名 As String　　　　　'长度不固定
　　Dim 字符串变量名 As String * 字符数　'长度固定

例如:

　　Dim s1 As String　　　　　'定义 S1 为变长字符串
　　Dim s2 as String * 3　　　'定义 S2 为定长字符串,长度为 3
　　S1 = "Hello"　　　　　　　'S1 的值为 Hello
　　S2 = "Hello"　　　　　　　'S2 的值为 Hel

⑤ 除了用 Dim 语句声明变量外,还可以用 Static、Public、Private 等关键字声明变量。

(2) 隐式声明

在 VB 中,允许对变量未加声明而直接使用,这种方法称为隐式声明。所有隐式声明的变量都是变体型。

初学者最好对变量加以显示声明,这样有助于程序的查错。例如如下的事件过程:

```
Private Sub Command1_Click()
    Dim n As Integer,y As Single
    n = 100                    '变量名 n 的值为 100
    y = 500/m                  'm 是没有声明的变量,默认初值为 0
    Text1.Text = y            '报错,显示"除数为零"
End Sub
```

运行时显示"除数为零"的运行时错误。原因是变量名 n 值为 100,当程序运行到"y = 500/m"语句时,遇到新变量名 m,系统认为它就是隐式声明,对该变量初始化为 0,实际上是因为变量名书写错误而引起的错误。

为避免这些不必要出现的错误和调试程序的方便,建议初学者对使用的变量都进行显式声明;也可在通用声明段使用"Option Explicit"语句来强制显式声明所有使用的变量。

3.4　运算符和表达式

要进行各种复杂的运算,就需要各种运算符号,通过运算符和操作数组合成表达式,实现程序编制中所需的大量操作。

3.4.1　运算符

运算符是表示实现某种运算的符号。VB 中的运算符可分为算术运算符、字符串连接符、关系运算符和逻辑运算符 4 类。

1. 算术运算符

表 3.5 中列出了 VB 中使用的算术运算符,其中"-"负号运算符在单目运算(单个操作

数)中作为取负号运算,在双目运算(两个操作数)中作为算术减运算,其余都是双目运算符。运算优先级表示当表达式中含有多个操作符时,先执行哪个操作。表3.5以优先级列出各运算符的运算结果。

表3.5　算术运算符

运算符	含义	优先级	实例	结果
^	幂运算	1	3^2	9
−	负号	2	−3	−3
*	乘	3	3*2	6
/	除	3	3/2	1.5
\	整除	4	3\2	1
Mod	取余	5	17 mod 5	2
+	加	6	3+2	5
−	减	6	3−2	1

注意:

① 除法和整除

除法(/)运算其结果为浮点数;整除(\)运算结果为整型,不能除尽则用去尾法取整。整除中参与运算的操作数一般为整型,如带小数,首先用凑偶法(大于0.5进一,小于0.5舍去,等于0.5则保留离该数最近的一个偶数)转换为整数,再进行整除运算。例如:

```
a=10\4            '结果为2
b=25.6\6.78       '转换为26\7,结果为3
```

② 取余

取余运算符 Mod 用来求余数。例如,用7整除4余3,则7 Mod 4的结果等于3。参与运算的操作数,如非整数,也要转换为整数,在运算。例如:

```
c=25.6 mod 6.78   '转换为26 mod 7,结果为5
```

③ 算术运算符两边的操作数应是数值型,若是数字字符或逻辑型,则自动转换成数值类型后再运算。例如:

```
30−True           '结果是31,逻辑量True转为数值−1,False转为数值0
False+10+"4"      '结果是14
```

例3.1　计算并输出一个三位整数的个位、十位、百位数字之和。

```
Private Sub Command1_Click()
    Dim x%, a%, b%, x%,sum%
    x = 153
    a = x Mod 10          '求得个位
    b = x \ 10 mod 10     '求得十位
    c = x \ 100           '求得百位
    sum = a + b + c
    Print sum
```

```
End Sub
```

思考：如何将一个三位数倒置，例如 n = 345，倒置后为 543。

2. 字符串连接符

字符串连接符有两个："&"和"＋"，它们的作用是将两个字符串连接起来。例如：

```
"VB"＋"程序设计"        '结果为"VB 程序设计"
"This is" & "123"        '结果为"This is123"
```

"&"与"＋"的区别是：

（1）"&"：连接符两旁的操作数不论是字符型还是数值型，进行连接操作前，系统先将操作数转换成字符型，然后再连接。

（2）"＋"：它有两个作用，即可当算术运算的加法运算，也可作为字符串连接。当"＋"两侧操作数为字符串，作连接运算；当两侧为数值类型，则为算术运算；当两侧一个为数字字符型，另一个为数值型，则自动将数字字符转换成数值，然后进行算术加；当两侧一个为非数字字符型，另一个为数值型，则出错。

例如：

```
12 ＋ 34        '结果为 46
12 ＋"34"       '将"34"转换为 34 后，计算 12＋34，结果为 46
12 ＋"ab"       '不能将"ab"转换为数值，报错
"12"＋"34"      '结果为"1234"
```

3. 关系运算符

关系运算符的作用是将两个操作数进行大小比较，结果为逻辑值 True 或 False。操作数可以是数值型、字符型。如果是数值型，按其数值大小比较；如果是字符型，则按字符的 ASCII 码值比较。表 3.6 列出 VB 中的关系运算符，关系运算符的优先级相同。

表 3.6　关系运算符

运算符	含义	实例	结果
=	等于	"ABC" = "abc"	False
>	大于	"AC">"ABB"	False
>=	大于等于	"BC">"bc"	False
<	小于	23<3	False
<=	小于等于	"23"<"3"	True
<>	不等于	"abc"<>"ABC"	True
Like	字符串匹配	"ABCDEFG"Like"＊DE＊"	True

在进行比较时，需注意以下规则：

（1）如果两个操作数是数值型，则按其大小进行比较。

（2）如果两个操作数是字符型，则依照字符的 ASCII，按"自左向右逐个比较，遇大则大，遇小则小，完全相同才是相等"的原则进行比较。

（3）关系运算符的优先级相同。

4. 逻辑运算符

逻辑运算符(又称布尔运算符)用于对操作数进行逻辑运算,结果是 True 或 False。操作数可以是关系表达式、逻辑类型常量或变量。除 Not 是单目运算符外,其余都是双目运算符。

表 3.7 列出 VB 中的逻辑运算符、运算优先级等,其中 T 表示 True,F 表示 False。

表 3.7　逻辑运算符

运算符	含义	优先级	实例	结果
Not	逻辑非。对操作数取反。	1	Not T Not F	F T
And	逻辑与。当两个表达式的值均为 True 时,结果才为 True	2	T And T T And F F And T F And F	T F F F
Or	逻辑或。当两个操作数中有一个为 True 时,结果为 True	3	T Or T T Or F F Or T F Or F	T T T F
Xor	异或。当两个操作数不相同,即一个 True 一个 False 时,结果才为 True;否则为 False	3	T Xor T T Xor F F Xor T T Xor F	F T T F

3.4.2　表达式

1. 表达式的组成

表达式是将变量、常量、运算符、函数和圆括号按一定的规则组成的。表达式通过运算后有一个结果,运算结果的类型由数据和运算符共同决定。

2. 表达式的书写规则

(1) 乘号不能省略。例如,x 乘以 y 应写成:x * y。

(2) 括号必须成对出现,均使用圆括号;可以出现多个圆括号,但要配对。

(3) 表达式从左到右在同一基准上书写,无高低、大小区分。

例如,已知数学表达式 $\dfrac{\sqrt{(3x+y)/2}}{(xy)^4}$ 写成 VB 表达式为

$$Sqr((3*x+y)/z)/(x*y)^4 \text{ 或} ((3*x+y)/z)^(1/2)/(x*y)^4$$

说明:Sqr()是求平方根函数,在下一节介绍。

对程序设计语言的初学者而言,要熟练地掌握将数学表达式写成正确的 VB 表达式。

3. 运算符的优先级

前面已在运算符中介绍,算术运算符、逻辑运算符都有不同的优先级,关系运算符优先级相同。当一个表达式中出现了多种不同类型的运算符时,不同类型的运算符优先级如下:

$$算术运算符 > 字符串连接符 > 关系运算符 > 逻辑运算符$$

注意：

对于多种运算符并存的表达式，可增加圆括号，改变优先级或使表达式更清晰。

例如，判断闰年（闰年指能被 4 整除且又不能被 100 整除，或能直接被 400 整除的年份）表达式写为：

（n mod 4 = 0 and n mod 100<>0) or （n mod 400 = 0)

4. 不同数据类型的转换

在算术运算中，如果操作数具有不同的数据精度，则使用隐式或显式进行类型转换。为了保证转换的正确性，即不丢失数据，应从低精度数据类型向高精度数据类型转换。数据类型精度由低到高的排列次序为：

Byte<Integer<Long<Currency<Single<Double

如果不同类型的数据进行运算，结果的类型为两个运算对象中存储长度较长的那个对象的类型。比如一个整数与一个长整型数进行运算，结果就是长整型；一个整数与一个单精度数进行运算，结果为单精度数。但一个长整型数与一个单精度数进行运算，结果则为双精度。

3.5 常用内部函数

VB 中的函数概念与数学中的函数概念相似。在 VB 中包括内部函数（也称为标准函数）和用户自定义函数两大类。内部函数是 VB 系统为实现一些常用特定功能而设置的内部程序；自定义函数是用户根据需要定义的函数（将在第 6 章介绍）。编程时使用函数，可以提高编程效率。

函数调用的一般形式为：

函数名［(参数 1, 参数 2, …)］

其中：

① 参数又称为自变量，参数个数依函数的不同而不同；参数的类型也有多种；［］表示参数可省略。

② 函数调用后，一般都有一个确定的值，即函数返回值；返回值也有多种类型。

3.5.1 算术函数

算术函数用于完成各类算术运算，常用的数学函数见表3.8。

表 3.8 常用的数学函数

函数	含义	实例	结果
Abs(N)	取 N 的绝对值	Abs(−3.5)	3.5
Atn(N)	返回 N 的反正切值(弧度)	Ant(1)	0.785
Cos(N)	返回 N 弧度的余弦值	Cos(0)	1
Exp(N)	返回以 e 为底的幂，即 eN	Exp(3)	20.086
Log(N)	返回自然对数	Log(10)	2.3

(续表)

函数	含义	实例	结果
Sin(N)	返回 N 弧度的正弦值	Sin(0)	0
Sign(N)	返回 N 数值的符号：N>0 返回 1, N=0 返回 0,N<0 返回-1	Sign(-3.5)	-1
Sqr(N)	求 N 的平方根	Sqr(9)	3
Tan(N)	返回 N 弧度的正切	Tan(0)	0

说明：

① 为便于表示函数中参数的个数和类,约定以 N 表示数值表达式,C 表示字符串表达式,D 表示日期表达式,以下各节叙述中,遵循该约定。

② 用户可以通过帮助菜单获得所有函数的使用方法。在三角函数中,以弧度来计算。

例如,将数学表达式 $x^2 + |y| + e^3 + \sin 30° - \sqrt{xy}$ 写成 VB 表达式如下：

$$x*x + Abs(y) + Exp(3) + Sin(30*3.14159/180) - Sqr(x*y)$$

3.5.2　转换函数

VB 提供不同类型之间转换的转换函数,如数值与非数值类型转换、取整、数制转换、大小写字母转换等,常用的转换函数见表 3.9。

表 3.9　常用的转换函数

函数名	功能	实例	结果
Asc(C)	字符转换成 ASCII 码值	Asc("A")	65
Chr(N)	ASCII 码值转换成字符	Chr(65)	"A"
CStr(N)	类型转换函数,数值转换为字符串	CStr(123)	"123"
Fix(N)	舍弃 N 的小数部分,返回整数部分	Fix(-3.5) Fix(3.5)	-3 3
Int(N)	返回不大于 N 的最大整数	Int(-3.5) Int(3.5)	-4 3
Round(N1,[N2])	对 N1 保留小数点后 N2 位,并四舍五入取整；缺省 N2 为 0	Round(3.5) Round(123.456 7, 2)	4 123.46
Hex(N)	十进制转换成十六进制	Hex(100)	64
Oct(N)	十进制转换成八进制	Oct(100)	144
LCase(C)	大写字母转为小写字母	LCase("ABC123")	"abc123"
UCase(C)	小写字母转为大写字母	UCase("abc123")	"ABC123"
Str(N)	数值转换为字符串	Str(123.45)	"□123.45"
Val(C)	数字字符串转换为数值	Val("123AB")	123

说明：

① Chr 和 Asc 函数是一对互为反函数，即 Chr(Asc(C))、Asc(Chr(N)) 的结果为原来各自自变量的值。例如，表达式 Asc(Chr(122)) 的结果还是 122；而 Chr(Asc("B")) 的结果还是"B"。

② Str 函数将非负数值转换成字符类型后，转换后的字符串左边将增加空格，即数值的符号位。例如，表达式 Str(123) 的结果为"□123"，不是"123"；Str(-123) 的结果为"-123"；CStr(123) 的结果为"123"。

③ Val 将数字字符串转换为数值，当字符串中出现数值类型规定的字符外字符时，则停止转换，函数返回的是停止转换前的结果。例如，表达式 Val("-123.45ty3") 的结果为-123.45；同样，表达式 Val("-123.45E3") 的结果为-123450，E 为指数符号。

3.5.3 字符串函数

从前面的 String 字符串类型的说明中知道，VB 中字符串长度是以字（习惯称字符）为单位，也就是每个西文字符和每个汉字都作为一个字，占一个字节。这是因为 VB 采用 Unicode（国际标准化组织 ISO 字符标准）来存储和操作字符串的。表 3.10 列出常用的字符串函数。

表 3.10　常用的字符串函数

函数名	说明	实例	结果
InStr(C1,C2)	在 C1 中找 C2，找不到为 0	InStr("AEFABCDEFG", "EF")	2
Left(C,N)	取出字符串左边 N 个字符	Left("ABCDEFG",3)	"ABC"
Len(C)	字符串长度	Len("AB 中国 CD")	6
Mid(C,N1,[N2])	取字符子串，在 C 中从 N1 位开始向右取 N2 个字符，缺省 N2 到结束	Mid("ABCDEFG",2,3) Mid("ABCD 中国",5)	"BCD" "中国"
Replace(C,C1,C2)	在 C 字符串中将 C2 替代 C1	Replace("ABCABD", "AB", "X")	"XCXD"
Right(C,N)	取出字符串右边 N 个字符	Right("ABCD",2)	"CD"
Space(N)	产生 N 个空格的字符串	Space(3)	"□□□"
String(N,C)	产生 N 个 C 字符组成的字符串	String(3, "A")	"AAA"
Trim(C)	删除字符串两边的空格	Trim("□□□ABCD□□□")	"ABCD"

注意：

① 上述函数中，InStr、Len 函数返回的是整型值，其他为字符串类型。

② 使用 Mid 函数可以替代 Left 与 Right 函数；使用 String 函数可以替代 Space 函数。

3.5.4　日期函数

常用的日期函数见表 3.11。

表 3.11　常用的日期函数

函数	说明	实例	结果
Date	返回系统日期	Date	2012 - 1 - 10
Now[()]	返回系统日期和时间	Now	2012 - 1 - 10 11:41:02
Time	返回系统时间	Time	11:41:02
Year(D)	返回年份 4 位整数	Year(Now)	2012
WeekDay(D)	返回星期代号(1~7) 星期日为 1,星期一为 2……	WeekDay(Now)	3,即星期三

3.5.5　其他实用函数

1. Rnd 函数

Rnd 函数的形式如下:

　　　Rnd[()]或 Rnd(N)

功能:产生一个范围为[0,1),即小于 1 但大于或等于 0 的双精度随机数。N>0 或缺省时,生成随机数,N≤0 时生成与上次相同的随机数。

产生[上界,下界)的随机整数的表达式:Int(Rnd * (上界 - 下界) + 下界)

产生[上界,下界]的随机整数的表达式:Int(Rnd * (上界 - 下界 + 1) + 下界)

例如,要产生一个 1~100(含 1 和 100)的数,表达式为:Int(Rnd * 100 + 1)。

VB 用于产生随机数的公式取决于称为种子(seed)的初始值。默认情况下,每次运行一个应用程序,VB 提供相同的种子,即 Rnd 产生相同序列的随机数。

为了保证每次运行时产生不同序列的随机数,可执行 Randomize 语句,其作用就是初始化随机数生成器,其形式如下:

　　　Randomize

例 3.2　随机产生 10 个大写字母,运行界面如图 3.1 所示,程序代码如下:

```
Private Sub Command1_Click()
    Dim I As Integer, c As String * 1
    Randomize
    Label1. Caption = ""
    For i = 1 To 10                 ' 利用循环语句产生 10 个大写字母
        Label1. Caption = Label1. Caption & Chr(Int(Rnd() * 26 + 65)) & ""
    Next
End Sub
```

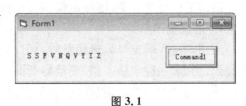

图 3.1

2. IsNumeric 函数

IsNumeric 函数的形式如下:

　　　IsNumeric(表达式)

作用：判断表达式是否是数字，若是数字字符（包括正负号、小数点），返回 True；否则返回 False。该函数对输入的数值数据进行合法性检查很有用。

例如：IsNumeric(123a)结果 False

IsNumeric(-123.4)结果 True

3. Shell 函数

在 VB 中，不但提供了可调用的内部函数，还可以调用各种应用程序，也就是凡是能在 DOS 下或 Windows 下运行的可执行程序，也可以在 VB 中调用，这是通过 Shell 函数来实现的。

Shell 函数的形式如下：

Shell(命令字符串[,窗口类型])

其中：

命令字符串：表示要执行的应用程序名，包括路径，它必须是可执行文件（扩展名为 com、exe、bat）。

窗口类型：表示表示执行应用程序的窗口大小，取值范围是 0～4、6 的整型数，一般取 1，表示正常窗口状态。

函数成功调用的返回值为一个任务标识 ID，用于测试判断应用程序是否正常运行。

例如，当程序在运行时要执行画图程序，则调用 Shell 函数如下：

i = Shell("c:\windows\system32\mspaint.exe",1)

3.6　程序调试

随着程序复杂性的提高，程序中的错误也伴随而来。错误（Bug）和程序调试（Debug）是每个编程人员必定会遇到的。对初学者而言，看到错误不要害怕，关键是如何找出错误，失败是成功之母。上机的目的，不仅是为了验证编写的程序的正确性，还要通过上机调试，学会查找和纠正错误的方法。VB 为调试程序提供了一组交互的、有效的调试工具，在此逐一介绍。

3.6.1　错误类型

错误可以分为 3 类：语法错误、运行时错误和逻辑错误。

1. 语法错误

当用户在代码窗口编辑代码时，VB 会对程序直接进行语法检测，发现程序中存在的输入错误，例如，关键字输入错、变量类型不匹配、变量或函数未定义等。VB 开发环境提供了智能感知的功能，在输入程序代码时，会自动检测，并在错误的代码处以高亮度显示，系统弹出出错信息对话框。

例如，"&"作为连接符时，应和前面的变量用空格分开，否则作为类型符。运行时，系统弹出"编译错误"的"语法错误"的信息提示，并将该语句高亮显示，如图 3.2 所示。

此类错误比较容易发现和改正。

图 3.2　语法错误

2. 运行时错误

运行时错误指 VB 在编译通过后,运行代码时发生的错误。这类错误往往是由指令代码执行了非法操作引起的。例如,数组下标越界、除数为 0、试图打开一个不存在的文件等,如图 3.3 所示。当程序中出现这种错误时,程序会自动中断,并给出有关的错误信息。

图 3.3　运行时错误

3. 逻辑错误

程序运行后,得不到所期望的结果,这说明程序存在逻辑错误。例如,运算符使用不正确,语句的顺序不对,循环语句的起始、终值不正确等。通常,逻辑错误不会产生错误提示信息,故错误较难排除。这就需要编程人员仔细地阅读分析程序,在可疑的代码处通过插入断点并逐语句跟踪,检查相关变量的值等方法,分析错误原因。

3.6.2　调试和排错

为了更正程序中发生的错误,VB 提供了调试工具。它主要通过设置断点、插入观察变量、逐行执行和过程跟踪等手段,在调试窗口中显示所关注的信息。

1. 插入断点和逐语句跟踪

在代码窗口选择怀疑存在问题的地方作为断点,按下 F9 键,如图 3.4 所示。在 VB 中,断点的设置有两种办法:

(1) 将光标放置在需要设置断点的地方,执行【调试】菜单中的【切换断点】命令或单击调试工具栏中的"切换断点"按钮,即可在该行语句上设置一个断点。

(2) 设置断点更简便的办法是,直接在要设置断点的行的左边单击鼠标。设置了断点

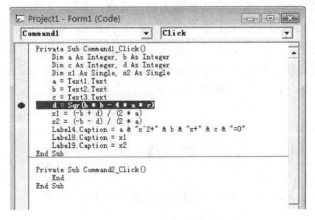

图 3.4　断点设置

的行将以粗体显示,并且在该行左边显示一个黑色的圆点,作为断点的标记。在代码中可以设置多个断点。

设置完断点后,运行程序,运行到断点处,程序就暂停下来,进入中断模式。这时断点处语句以黄色背景显示,左边还显示一个黄色小箭头,表示这条语句等待运行。可在中断模式下或设计模式时设置或删除断点;应用程序处于空闲时,也可在运行时设置或删除断点。

在程序运行到断点语句处(该句语句并没有执行)停下,进入中断模式,在此之前所关心的变量、属性、表达式的值都可以查看。

在 VB 中提供了在中断模式下直接查看某个变量值的方法,只要把鼠标指向所关心的变量处,稍停一下,就在鼠标下方显示该变量的值。

若要继续跟踪断点以后语句的执行情况,只要按 F8 键或选择"调试"菜单的"逐语句"执行即可。在图 3.5 中,文本框左侧小箭头为当前行标记。

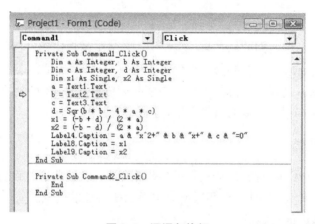

图 3.5　逐语句执行

要取消设置的断点,只需在原断点处再次单击即可。

将设置断点和逐语句跟踪相结合,是初学者调试程序最简洁的方法。

2. 逐语句跟踪

查找程序中的错误所在并不那么容易,有时需要一条语句一条语句地执行或者反复执行某段代码来检查错误所在,这些方法被称为跟踪程序的运行。

"逐语句"执行代码就是一条语句一条语句地执行代码,每执行一条语句后,就暂停下来,为程序调试者提供分析判断的机会。进入"逐语句"方式跟踪程序执行的具体办法是执行【调试】菜单中的【逐语句】命令,或单击调试工具栏里的【逐语句】按钮。不过最常用的方法还是使用快捷键 F8,每按一次 F8 键,程序就执行一条语句,调试者可以观察代码的流程和语句的执行情况。

习　题　3

1. 下列哪些属于 VB 的常量,分别指出它们是什么数据类型?

　(1)"student"　　　　(2) 12345　　　　(3) 1#　　　　(4) 100.0

　(5)%100　　　　　　(6) 123D4　　　　(7) 0100　　　　(8) #2008/5/6#

(9) &O12　　　　　(10) &O78　　　　　(11) &H12x　　　　(12) True

(13) π　　　　　　(14) 10!　　　　　(15) T　　　　　　(16) −2e4

2. 下列符号名中哪些是 VB 合法的变量名？

(1) blnFlag　　　　(2) _a3c　　　　　(3) x−6　　　　　(4) x_6

(5) x 6　　　　　　(6) 4abc　　　　　(7) dim　　　　　(8) use♯Input

(9) False　　　　　(10) π　　　　　　(11) printhello　　(12) num1

(13) 变量名　　　　(14) sin(x)　　　　(15) sinx　　　　(16) a∗b

3. 将下列算术表达式写成 VB 表达式。

(1) $|x+y|+z^5$　　　　(2) $\text{Cos}45° + 5e^2$　　　　(3) $\dfrac{10x + \sqrt{3y}}{xy}$

4. 根据条件写出相应的 VB 表达式。

(1) 身高 H 超过 1.7 米且体重 W 超过 62.5 公斤。

(2) 求一个三位正整数 N 的十位。

(3) 产生"A"～"Z"的一个大写字母。

(4) 随机产生一个两位的正整数。

(5) 表示 x 是 5 或 7 的倍数。

(6) 取字符串变量 S 中第 5 起的 6 个字符。

(7) 表示字符串变量 S 是字母字符（不区分大小写）。

(8) 表示关系 10＜x≤100。

(9) 表示 x,y 之一小于 z。

(10) 表示 x,y 都小于 z。

5. 写出下列表达式的值。

(1) 123+23 mod 10\7 + Asc("A")

(2) 100 + "200"& 300

(3) Int(12.345 ∗ 100 + 0.005)/100

(4) 已知 A $ = "12345678",求表达式 Value(left(A,4) + mid(A,3,2)) 的值。

第 4 章　VB 控制结构

VB 是融合了面向对象和结构化编程两种思想的一个开发环境。在界面设计时使用各种控件对象；在事件过程中使用结构化程序设计思想编写事件过程代码。

结构化程序设计的基本控制结构有 3 种，即顺序结构、分支结构与循环结构。其中顺序结构是最基本的、默认的程序执行流程。

4.1　顺序结构

顺序结构是程序设计中最简单的结构，在此结构中，程序按照语句出现的先后顺序依次执行。顺序结构是任何程序的基本结构，即使在选择结构和循环结构中也包含有顺序结构。其流程图如图 4.1 所示。

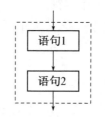

图 4.1　顺序结构流程图

4.1.1　引例——计算圆的周长和面积

例 4.1　利用计算机解决初等数学问题。已知圆半径 r，求圆的面积 s 和周长 l。运行界面如图 4.2 所示。

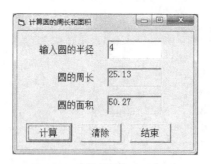

图 4.2　计算圆的周长和面积

分析：本题用到的数学公式：$s = \pi r^2$；$l = 2\pi r$

程序代码如下：

```
Option Explicit                                '强制声明变量
Private Sub Command1_Click()
    Const PI = 3.1415926                        '定义 PI 为符号常量
    Dim r!, s!, l!                              '定义 r,s,l 为单精度类型变量,
                                                '分别表示半径、面积和周长
    r = Val(Text1.Text)              ①          '利用文本框输入数据,
                                                '将其转换成数值赋给变量 r
    l = 2 * PI * r                   ②          '计算周长
    s = PI * r^2                                '计算面积
    Label4.Caption = Format(l, "####.##")      '输出周长保留 2 位小数
    Label5.Caption = Format(s, "####.##")      '输出面积保留 2 位小数
End Sub
Private Sub Command2_Click()
    Text1.Text = ""
    Label4.Caption = ""
    Label5.Caption = ""
    Text1.SetFocus
End Sub
Private Sub Command3_Click()
    End
End Sub
```

若颠倒语句① 和语句②,则在半径 r 还未被赋值时就计算周长 l,此时 l 为 0。原因是,r 是单精度型,在未被赋值时,默认初值是 0。

4.1.2　赋值语句

赋值语句是程序设计中最基本、最常用的语句。它的作用是将右边表达式的运算结果赋值给左端的变量,VB 使用"="来赋值。

1. 赋值语句的形式

赋值语句的一般形式如下:

变量名＝表达式

[<对象名.>]<属性名>＝<表达式>

功能:赋值语句具有计算和赋值的双重功能,它首先计算右边表达式的值,然后将结果赋值给左边的变量。

2. 赋值号两边类型不同时的处理

如果一个赋值语句左边变量的数据类型与右边 的数据类型不同,系统将视具体情况做出如下处理:

(1) 若变量与表达式都是数值类型,系统先求出表达式的值,再将其转换为变量类型后赋值。例如:

n% ＝ 4.5　　　　　　'n 为整型变量,转换时使用 CInt 函数,n 中的值为 4

(2) 若变量为字符型,而表达式为数值类型(算术表达式),则系统将把表达式的值转换为字符型赋给变量。

（3）若变量为字符型，而表达式为逻辑型，则系统将"True"转换为字符串"True"，"False"转换为字符串"False"。

（4）若变量为逻辑型，而表达式为数值型，则系统将所有的非零值都转换为"True"赋给变量，"0"则转换为"False"赋给变量。

（5）若变量为数值型，而表达式为逻辑型，则系统将"True"转换为"－1"赋给变量，"False"则转换为"0"赋给变量。

（6）若变量为数值型，而表达式为数字字符串，则系统将数字字符串转换成数值类型再赋值，当表达式有非数字字符或空串，则系统报错。如图 4.3 所示。

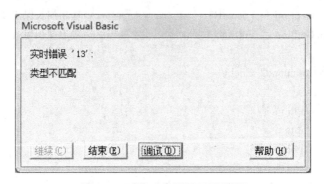

图 4.3　赋值时类型不匹配错误

4.1.3　数据输入

通常，一个程序包括输入、处理和输出 3 个基本步骤，其中输入/输出是程序和用户的交互，处理是指要进行的操作和运算。VB 提供了多种形式的输入/输出手段，并可通过各种控件实现输入/输出操作，使输入/输出灵活、多样、方便、形象直观。

1. 用文本框输入输出数据

文本框是一个文本编辑区域，在设计阶段或运行期间均可以在这个区域中输入、编辑和显示文本，类似于一个简单的文本编辑器。常用于在程序运行时接收用户输入的数据，也可以使用文本框输出数据。

例 4.1 中使用文本框输入圆的半径，具体语句如下：

```
r = Val(Text1.Text)          '利用文本框输入数据,
                             '将其转换成数值赋给变量 r
```

2. 输入对话框函数

使用系统提供的函数（InputBox）而不必另建窗体。InputBox 函数的作用是打开一个对话框，等待用户键入文本。当用户单击"确定"按钮或回车键时，函数返回文本框输入的值，其值的类型为字符串。

函数形式如下：

变量 = InputBox(Prompt[，Title][，Default][，x，y][，Helpfile，Context])

各个参数的含义如下：

Prompt：提示用的文字信息。

Title：对话框标题（字符型），缺省时为应用程序名（工程名）。

Default：显示在用户编辑框中的缺省值，缺省时返回空值。

x，y：对话框在屏幕上显示时的位置，单位是维特，(x，y)是对话框左上角点的坐标。

Helpfile，Context：帮助文件名及帮助主题号。有本选项时，在对话框中自动增加一个帮助按钮。

例 4.2　编写程序，试验 InputBox 函数的功能。

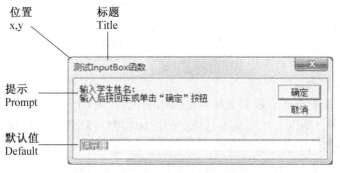

图 4.4　例 4.2 所显示的输入对话框

程序代码如下：

```
Private Sub Form_click()
    msg1 $ = "输入学生姓名："
    msg2 $ = "输入后按回车或单击"确定"按钮"
    msg $ = msg1 $ + vbCrLf + msg2 $
    stname $ = InputBox(msg $ ,"测试 InputBox 函数","洪元康")
    Print "您输入的学生姓名是：" & stname
End Sub
```

上述过程用来建立一个输入对话框，并把 InputBox 函数返回的字符串赋给变量 stname，然后在窗体上显示该字符串。程序运行后，单击窗体，弹出如图 4.4 所示的对话框，单击"确定"按钮，在窗体上显示学生姓名，如图 4.5 所示。

图 4.5　例 4.2 运行结果

4.1.4　数据输出

程序运行后总要将结果输出。VB 中，一般通过 Print 方法、消息对话框（MsgBox 函数）、文本框（TextBox）或标签（Label）控件等。

1. 用标签输出数据

标签通常用于标注本身不具有 Caption 属性的控件，也常用于完成输出操作。它所显示的内容可通过 Caption 属性来设置或修改。

例 4.1 中使用标签输出圆的周长和面积，具体语句如下：

```
Label4.Caption = Format(l,"####.##")        '输出周长保留 2 位小数
```

　　　　　Label5.Caption ＝ Format(s，"＃＃＃＃.＃＃")　　　　　'输出面积保留2位小数

2. 消息对话框函数

　　使用 MsgBox 函数，可以产生一个对话框来显示消息。当用户单击某个按钮后，将返回一个整型数以表明用户单击了哪个按钮，利用 MsgBox 函数用户可获得"是"或者"否"的响应，并在消息框上显示简短的消息，比如：错误、警告或者对用户下一步操作的提示等。阅读完这些消息以后，要求用户加以确认，单击一个按钮来关闭该对话框。

　　函数形式如下：

　　　　　MsgBox(Prompt[，Button][，Title][，Helpfile，Context])

　　各个参数的含义如下：

　　Prompt：提示用的文字信息。

　　Button：这是一个由4个数值常量组成的式子，形式为 c1＋c2＋c3＋c4，用于决定信息框中按钮的个数和类型以及出现在信息框中的图标类型，各个参量的可选值及其功能见表 4.1（凡有0值的参量，0值为缺省值）。

　　Title：信息框标题（字符型），缺省时为应用程序名（工程名）。

　　Helpfile，Context：帮助文件名及帮助主题号。有本选项时，在对话框中自动增加一个帮助按钮。

　　如执行以下语句将弹出如图 4.6 所示消息框。

　　　　　x ＝ MsgBox("恭喜你，注册成功!"，vbOKOnly ＋ vbExclamation，"信息提示")

图 4.6　MsgBox 消息框

表 4.1　Button 参数组成

（a）Button 参数组成之一——按钮的类型与数目

c1 的取值	内置常量名	意　义
0	VbOkOnly	只显示"确定"按钮
1	VbOkCancel	显示"确定"和"取消"按钮
2	VbAbortRetryIgnore	显示"终止"、"重试"和"忽略"按钮
3	VbYesNoCancel	显示"是"、"否"和"取消"按钮
4	VbYesNo	显示"是"和"否"按钮
5	VbRetryCancel	显示"重试"和"取消"按钮

（b）Button 参数组成之二——图标的样式

c2 的取值	内置常量名	意　　义
16	VbCritical	显示关键信息图标
32	VbQuestion	显示警示疑问图标
48	VbExclamation	显示警告信息图标
64	VbInformation	显示通知信息图标

（c）Button 参数组成之三——默认按钮

c3 的取值	内置常量名	意　　义
0	VbDefaultButton1	第一个按钮为缺省按钮
256	VbDefaultButton2	第二个按钮为缺省按钮
512	VbDefaultButton3	第三个按钮为缺省按钮
768	VbDefaultButton4	第四个按钮为缺省按钮

（d）Button 参数组成之四——强制返回模式

c4 的取值	内置常量名	意　　义
0	VbApplicationModel	应用程序模式,用户在当前应用程序继续执行之前,必须对信息框作出响应;信息框位于最前面。
4096	VbSystemModel	系统模式,所有应用程序均挂起,直到用户响应该信息框为止。

MsgBox 函数根据用户选择单击的按钮而返回不同的值,具体参见表 4.2。

表 4.2　MsgBox 函数的返回值

按钮名	内置常量	取值 e
OK（确定）	vbOK	1
Cancel（取消）	vbCancel	2
Abort（终止）	vbAbort	3
Retry（重试）	vbRetry	4
Ignore（忽略）	vbIgnore	5
Yes（是）	vbYes	6
No（否）	vbNo	7

3. Print 方法输出数据

使用 Print 方法进行输出数据。该方法用于在窗体或图片框上显示或输出文本,如下面的代码所示。其格式如下:

　　　　［对象.］Print　［定位函数］［输出表达式列表］［分隔符］

对象:可以是窗体或图片框。若省略了对象,则在窗体上输出。

定位函数:Spc(n)用于在输出时插入 n 个空格;Tab(n)定位于从对象最左端算起的 n

列。无定位函数时，由对象的当前位置（CurrentX 和 CurrentY 属性）决定。

表达式列表：要输出的数值或字符串表达式。若省略，则输出一个空行。

分隔符：用于输出各项之间的分隔，用逗号或分号，表示输出后光标的定位。分号（;）光标定位在上一个显示的字符后；逗号（,）光标定位在下一个打印区（每隔 14 列）的开始位置处。输出列表最后没有分隔符，表示输出后换行。

例 4.3 编写程序，验证 Print 函数的输出功能。

程序代码如下：

```
Option Explicit
Private Sub Form_Click()
    Dim a As Integer，b As Integer
    a = 100；b = 200
    Print a，b          ' 按制表列输出 a 和 b 的值
    Print              ' 输出一个空行
    Print a；b          ' 按紧凑格式输出 a 和 b 的值
    Print "ab"         ' 输出字符串 ab
End Sub
```

运行界面如图 4.7 所示。

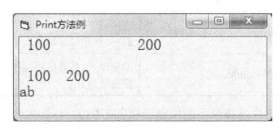

图 4.7 例 4.3 运行结果

注意：数字前面的空格是符号位。

4. 格式输出函数

格式输出函数 Format 用于将数值、日期和时间数据按照指定的格式输出。函数形式如下：

    Format(表达式，"格式字符串")

功能：根据"格式字符串"的指定格式输出表达式的值。

说明：

（1）表达式是需要格式化输出的数值、日期和字符串类型的表达式。

（2）格式字符串是由格式字符构成的，表 4.3 列举了常用数值格式字符，日期和字符串格式符可通过 MSDN 帮助系统查找。

（3）Format 函数返回一个字符串类型的数据。

表 4.3　常用数值格式符

格式符	作　用	举　例
0	按规定的位数输出,实际数值位数小于符号位数时,数字的前后补足 0	Format(1234.567, "00000.0000") = "01234.5670" Format(1234.567, "000.00") = "1234.57"
#	按规定的位数输出,实际数值位数小于符号位数时,数字的前后不补 0	Format(1234.567, "#####.####") = "1234.567" Format(1234.567, "###.##") = "1234.57"
.	加小数点	Format(1234, "###.00") = "1234.00"
,	千分位(可放置在小数点左侧任意位置)	Format(1234.567, "##,#00.00") = "1,234.57"
%	数值乘以 100,加百分号	Format(1234.567, "###.##%") = "123456.7%"
$	在数值前加 $	Format(1234.567, "$###.##") = "$1234.57"
+	在数值前加 +	Format(-1234.567, "+###.##") = "-+1234.57"
−	在数值前加 −	Format(1234.567, "-###.##") = "-1234.57"
E+	用指数表示	Format(0.1234, "0.00E+00") = "1.23E-01"
E−	与 E+ 相似,但不显示正数的符号位	Format(1234.567, "0.00E-00") = "1.23E03"

4.2　选择结构

选择结构是描述分支的手段,即可以根据给定条件进行判断,当满足条件执行一部分代码操作,不满足条件则执行另一部分代码操作。它的特点是在若干个分支中必选且只选其一。Visual Basic 中提供了 4 种形式的条件语句,分别是 If … Then、If … Then … Else、If … Then … ElseIf、Select Case。在使用时,可以根据不同的条件,选择一种合适的条件语句。

4.2.1　If 条件语句

1. 单分支结构(If … Then 语句)

该语句的语法有下面两种:

(1) If　<表达式>　Then
　　　　语句块
　　　End If

(2) If　<表达式>　Then 语句

功能:若条件成立(值为真 True),则执行 Then 后面的语句或语句块,否则不做任何操作。如图 4.8 所示。

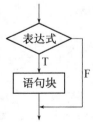

图 4.8　单分支结构流程图

说明：表达式一般为关系表达式或逻辑表达式，也可为算术表达式。若为算数表达式，按非 0 为 True，0 为 False 进行判断。语句块可以是一条或多条语句。若用(2)中简单的形式表示，则只能是一条语句或是用冒号分隔的多条语句，但必须书写成一行。

例如，当满足条件 CJ<60 时，打印出"成绩不及格"。

采用格式(1) 书写：

```
If   CJ<60   Then
        Print "成绩不及格"
End If
```

采用格式(2) 书写：

```
If   CJ<60   Then   Print "成绩不及格"
```

2. 双分支结构(If ... Then ... Else 语句)

该语句的形式如下：

```
If  <表达式>   Then
      <语句块 1>
Else
      <语句块 2>
End If
```

功能：如果<表达式>的条件为真或为非零的值，则执行 Then 后面的语句块 1，否则，执行 Else 后面的语句块 2。语句 2 的执行条件为语句 1 条件的反。该条件语句有两个分支，因此称为双分支结构，其流程图如图 4.9 所示。

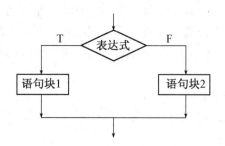

图 4.9　双分支结构流程图

例 4.4　输入三个数 a、b、c，求出其中最大数。

功能要求：用户在"a＝"文本框(Text1)、"b＝"文本框(Text2)和"c＝"文本框(Text3)中输入数据，单击"判断"按钮后，则在"最大数＝"文本框(Text4)中输出结果。如图 4.10 所示。

图 4.10　求最大数的运行结果

程序代码如下：

```
Option Explicit
Private Sub Command1_Click()
    Dim a As Integer，b As Integer
    Dim c As Integer，m As Integer
    a = Val(Text1.Text)
    b = Val(Text2.Text)
    c = Val(Text3.Text)
    If a > b Then
        m = a                    'm用来存放较大值
    Else
        m = b
    End If
    If c > m Then m = c
    Text4.Text = m
End Sub
```

由于计算机内存有"取之不尽，一冲就走"的特点，在双分支结构中将 a、b 中的较大值赋给了 m；接着在单分支结构中用此时 m 的值与 c 比较，若 c 大于 m，则将 c 的值赋给 m，否则什么都不做（即保留 m 的值）。

3. 多分支结构（If ... Then ... ElseIf 语句）

双分支结构只能根据条件的真或假决定两个分支之一，但是，实际处理问题有多种条件时，就会用到多分支结构。如下语句结构：

```
If  <表达式 1>  Then
        <语句块 1>
ElseIf  <表达式 2>  Then
        <语句块 2>
        ……
ElseIf  <表达式 n-1>  Then
        <语句块 n-1>
[Else
        <语句块 n>]
End If
```

功能：先测试表达式 1，如果为假，就依次测试表达式 2，依此类推，直到找到为真的条件。一旦找到一个为真的条件时，VB 会执行相应的语句块，然后执行 End If 语句后面的代码。如果所有条件都是假，那么执行 Else 后面的语句块 n，然后执行 End If 语句后面的代码。其流程图如图 4.11 所示。

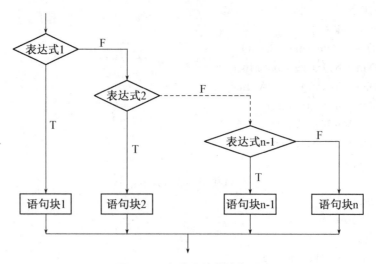

图 4.11　多分支结构流程图

例 4.5　判定成绩等级。

输入学生成绩(百分制),判定该成绩的等级(优、良、中、及格、不及格)。

功能要求:用户在"成绩"文本框(Text1)中输入学生成绩,单击"判定"按钮(Command1)后,将成绩等级显示在标签 Label2 上。如图 4.12 所示。

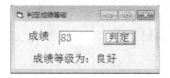

图 4.12　判定成绩等级的运行结果

程序代码如下,并请思考每个分支的等价条件是什么?

```
Option Explicit
Private Sub Command1_Click()
    Dim Score As Integer, Temp As String
    Score = Val(Text1.Text)
    Temp = "成绩等级为:"
    If Score < 0 Then
        Label2.Caption = "成绩出错"
    ElseIf Score < 60 Then
        Label2.Caption = Temp + "不及格"
    ElseIf Score <= 69 Then
        Label2.Caption = Temp + "及格"
    ElseIf Score <= 79 Then
        Label2.Caption = Temp + "中等"
    ElseIf Score <= 89 Then
        Label2.Caption = Temp + "良好"
    ElseIf Score <= 100 Then
```

```
            Label2. Caption = Temp + "优秀"
        Else
            Label2. Caption = "成绩出错"
        End If
    End Sub
```

4.2.2　Select Case 语句

使用多分支语句 Select Case 也可以实现多分支选择。更有效、更易读，并且易于跟踪调试。该语句格式如下：

```
Select Case 测试表达式
    Case 匹配表达式 1
        语句块 1
    Case 匹配表达式 2
        语句块 2
        ……
    [Case Else
        语句块 n]
End Select
```

功能：先计算表达式的值，然后将该值依次与结构中的每个 Case 的值进行比较，如果该值符合某个 Case 指定的值时，就执行该 Case 的语句块，然后跳到 End Select，从 End Select 出口。如果没有相符合的 Case 值，则执行 Case Else 中的语句块。其流程图如图 4.13 所示。

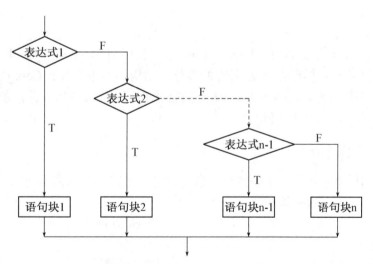

图 4.13　Select Case 语句流程图

测试表达式与匹配表达式的类型必须相同，可以是以下 3 种形式之一：

(1) 具体值（用逗号隔开）。

```
    Case 1,3,5              '表示条件在 1,3,5 范围内取值
```

(2) 表达式 1 TO 表达式 2。

```
    Case70 To 79           '表示条件取值范围为 70～79
```

（3）Is 关系式。

```
Case Is<60                      '表示条件在小于 60 的范围内取值
```

例 4.6　用 Select Case 语句来实现例 4.5 所完成的功能，程序代码如下：

```
Option Explicit
Private Sub Command1_click()
    Dim Score As Integer，Temp As String
    Score = Val(Text1.Text)
    Temp = "成绩等级为："
    Select Case Score
        Case 0 To 59
            Label2.Caption = Temp + "不及格"
        Case 60 To 69
            Label2.Caption = Temp + "及格"
        Case 70 To 79
            Label2.Caption = Temp + "中等"
        Case 80 To 89
            Label2.Caption = Temp + "良好"
        Case 90 To 100
            Label2.Caption = Temp + "优秀"
        Case Else
            Label2.Caption = "成绩出错"
    End Select
End Sub
```

由此看出，对于多分支结构，用 Select Case 语句比用 If … Then … ElseIf 语句直观，程序可读性好。但需要注意的是，不是所有的多分支结构均可用 Select Case 语句代替 If … Then … ElseIf 语句。譬如，Select Case 语句只能对单个变量或表达式进行条件判断；否则只能使用 If … Then … ElseIf 语句。

4.2.3　选择结构的嵌套

选择语句的嵌套是指在一个条件分支中包含另一个完整的选择语句结构。以 If 语句为例，其中的"……（n）"表示语句块：

```
If 条件 1　Then                              '最外层 If 语句
  …(1)
  If 条件 2　Then                            '内层 If 语句
    …(2)
  Else                                      '内层 If 语句
    If 条件 4　Then …(3) Else …(4)           '最内层 If 语句
  End IF                                    '内层 If 语句
  …(5)
Else                                        '最外层 If 语句
  …(6)
```

```
      ⌈ If 条件 3   Then                          '内层 If 语句
      |      …(7)
      |  End IF                                  '内层 If 语句
      ⌊      …(8)
        End IF                                   '最外层 If 语句
```

在使用嵌套的 IF 语句时应注意以下几点：

（1）If 语句的完整性。内层 If 语句必须完整地出现在外层 If 语句的 Then 子句或 Else 子句中。这就像大盒子中装小盒子一样，只有小盒子的所有部分都在大盒子内部时，大盒子才有可能合上。

（2）If 与 End If 匹配。If 语句块必须以一个 End If 语句结束。

（3）Else 与 If 的匹配。Else 始终与上面距离其最近的未被匹配过的 If 匹配。

（4）使用 If 语句的嵌套不一定会更好地体现程序的层次性，有时使用 If ... Then ... ElseIf ... 格式更好。

此外，Select 语句也可嵌入 If 语句中。如例 4.7。

例 4.7　从键盘上输入字母或 0～9 的数字，编写程序对其进行分类。

字母可分为大写字母和小写字母，数字可分为奇数和偶数。如果输入的是字母或数字，则输出其分类结果，否则输出相应的信息。

程序代码如下：

```
Option Explicit
Private Sub Form_Click()
    Dim UserInput，Msg As String
    UserInput = InputBox("请输入字母或 0～9 的数字")
    If Not IsNumeric(UserInput) Then
        If Len(UserInput) <> 0 Then
            Select Case UserInput
                Case "A" To "Z"              '大写字母
                    Msg = "你输入了大写字母:" & UserInput
                Case "a" To "z"              '小写字母
                    Msg = "你输入了小写字母:" & UserInput
                Case Else
                    Msg = "你输入的不是字母或数字"
            End Select
        End If
    Else
        Select Case UserInput
            Case 1，3，5，7，9                  '奇数
                Msg = UserInput & "是一个奇数"
            Case 0，2，4，6，8                  '偶数
                Msg = UserInput & "是一个偶数"
            Case Else                        '出界
                Msg = "你输入的数超出范围"
```

```
                End Select
            End If
            MsgBox Msg
        End Sub
```

4.2.4　条件函数

VB 中的条件函数有 IIf 函数和 Choose 函数,前者可以代替 If 语句,后者可代替 Select Case 语句,均适用于简单条件的判断。

（1）IIf 函数

条件函数(IIf 函数)可以实现一些简单的条件判断分支结构。格式如下:

Result = IIf（条件,条件为真时取的值,条件为假时取的值）

功能:对条件进行测试,若条件成立(为真值),则取第一个值(即"条件为真时的值"),否则取第二个值(即"条件为假时的值")。

例如,将 a、b 中较大的数,放入 Max 变量中:

Max = IIf(a>b, a, b)

（2）Choose 函数

条件函数(Choose 函数)可以实现一些简单得多条件判断分支结构。格式如下:

Result = Choose（整数表达式,选项列表）

功能:根据整数表达式的值决定返回选项列表中的某个值。如果整数表达式值是 1,则 Choose 返回列表中的第 1 个选项。如果整数表达式值是 2,则返回列表中的第 2 个选项,以此类推。若整数表达式的值小于 1 或大于列出的选项数目时,Choose 函数返回 Null。

例如,根据 Nop 是 1～4 之间的整形值,依次转换成 +、-、×、÷ 运算符的语句如下:

Nop = Int(Rnd * 4 + 1)

Op = Choose(Nop, "+", "-", "×", "÷")

4.2.5　选择控件与分组控件

在很多应用程序中,为了更好地体现交互性和便利性,经常需要用户对一些受限的内容进行选择操作,为此 VB 提供了单选按钮、复选框和框架在适合的场合进行友善的人机交互。

1. 单选按钮

单选按钮 ⊙(OptionButton)又称选项按钮,一般成组出现。若程序中有多个选项可供选择而只能选其一时,可以使用"单选按钮"控件来设计。一组中的选项按钮是相互关联的,如果其中一个"单选按钮"被按下时(其 Value 属性自动变为 True),其他选项按钮皆自动调整成未选状态(其 Value 属性自动变为 False)。

（1）主要属性

单选按钮的主要属性有 Caption 和 Value。Caption 属性值是单选按钮上显示的文本。Value 属性为逻辑型,表示单选按钮的状态:⊙ True 被选定;○ False 未被选定,默认值。

（2）主要事件

单选按钮的主要事件是 Click 事件,也可以不对其进行编程,因为在单击单选按钮时,按钮状态会自动改变。

2. 复选框

复选框(CheckBox)也称检查框,主要用于选择某一功能的两种状态。它和单选按钮功能很相似,区别在于:单选按钮每组中只能选择一个,而复选框可以选中任意多个(包括零个,即不选)。

复选框的主要属性和事件同单选按钮,但 Value 属性有 3 个状态,分别表示 ☐ 未被选定(0 - UnChecked)(默认值)、☑ 选定(1 - Checked)和 ☑ 灰色(2 - Grayed)。

3. 框架

框架 ☐ (Frame)是个容器控件,常用于将其他控件对象按钮功能分组,既实现了界面上功能的分割,又保证了界面的整齐美观。

框架控件最主要的属性是 Caption,其值是框架边框上的标题文本。若 Caption 属性为空字符串,则为封闭的矩形框。

框架控件可以响应 Click 和 DblClick 事件,但一般不编写事件过程。

注意:在界面上添加框架及框架中其他控件对象时,一定要遵循如下先后次序:先在窗体上添加框架对象,然后在框架区域中用鼠标拖动方法创建其内部控件对象。假如在操作过程中没有遵循这样的顺序,那么创建出来的控件对象并不是框架内部的对象。用户可用如下方法将其更正:先选中本应是框架内部的控件对象,对其进行剪切操作,然后选中框架对象,进行粘贴操作。这样,框架及其内部控件对象就能成为一个整体,随框架容器一起移动、显示、隐藏和屏蔽。

例 4.8　通过单选按钮、复选框和框架控件设置文本框的字体、字号、字形等 Font 属性。运行界面如图 4.14 所示。

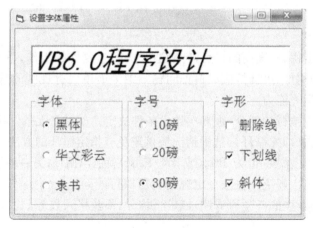

图 4.14　设置字体属性的运行结果

程序代码如下:

```
Private Sub Check1_Click()
    Text1.FontStrikethru = Not Text1.FontStrikethru
End Sub
Private Sub Check2_Click()
    Text1.FontUnderline = Not Text1.FontUnderline
```

```
End Sub
Private Sub Check3_Click()
    Text1. FontItalic = Not Text1. FontItalic
End Sub
Private Sub Option1_Click()
    Text1. FontName = "黑体"
End Sub
Private Sub Option2_Click()
    Text1. FontName = "华文彩云"
End Sub
Private Sub Option3_Click()
    Text1. FontName = "隶书"
End Sub
Private Sub Option4_Click()
    Text1. FontSize = 10
End Sub
Private Sub Option5_Click()
    Text1. FontSize = 20
End Sub
Private Sub Option6_Click()
    Text1. FontSize = 30
End Sub
```

4.3　循环结构

计算机具有速度快、精度高的特点,特别适于进行重复性的工作,重复次数越多越能显示它的威力,所以使用计算机时,应尽量把问题归纳为简单而有规则的重复运算和操作,以充分发挥计算机的运算能力。

循环是一组重复执行的指令,重复次数由条件决定。如果是无条件循环,循环体代码将永无休止地执行下去(即死循环),这种情况应该避免。指定循环的方法有两种:一是指定一个条件表达式,一旦表达式的值为 True(或者是 False)就退出循环;另一种是指定循环次数。

采用循环程序可以解决一些按一定规则重复执行的问题。例如,统计一个班几十名学生,甚至全校几千名学生的各学科成绩,如求平均分、不及格人数等。

4.3.1　For ... Next 循环语句

在知道循环要执行多少次时,则可以使用 For ... Next 循环。与 Do 循环不同,For 循环使用一个叫作计数器的变量,每重复一次循环之后,计数器变量的值就会增加或者减少。For 循环的语法如下:

```
For 循环变量 = 初值 To 终止值 [Step 步长]
    语句块
    [Exit For]
```

　　语句块

　　Next 循环变量

　　说明：初值、终值和步长值都可以是数值表达式，步长值可以是正数（称为递增循环），也可以是负数（称为递减循环）。**Exit For** 表示遇到该语句时，退出循环，执行 Next 的下一条语句。若步长值为 1，则 Step 1 可以省略。该语句流程图如图 4.15 所示。

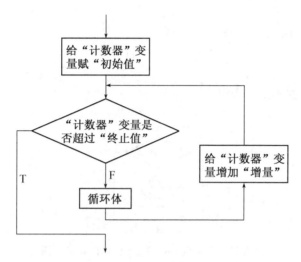

图 4.15　For ... Next 循环执行流程

　　For ... Next 语句的执行步骤：

　　（1）求出初值、终值和步长值，并保存起来。

　　（2）将初值赋给循环变量。

　　（3）判断循环变量值是否超过终值（步长值为正时，值大于终值；步长值为负时，值小于终值）。超过终值时，退出循环，执行 Next 之后的语句。

　　（4）执行循环体。

　　（5）遇到 Next 语句时，修改循环变量值，即把循环变量的当前值加上步长值再赋给循环变量。

　　（6）转到（3）去判断循环条件。

　　例 4.9　使用 For 循环计算 n!（n 的值由用户输入）。

```
Option Explicit
Private Sub Command1_Click()
    Dim i As Integer, n As Integer
    Dim fact As Long
    n = Text1. Text              '得到输入的值 n
    fact = 1                     '必须为变量 fact 赋初值 1
    For i = 1 To n               'For 循环,每次为计数器变量 i 加 1
        fact = fact * i          '每次循环,变量 fact 都乘以变量 i 的值
    Next i
    Text2. Text = fact           '显示计算结果,变量 fact 的值即为所求
End Sub
```

4.3.3 Do … Loop 循环语句

在事先不知道循环次数的情况下,可以使用"Do … Loop"循环。"Do … Loop"循环有两种格式:前测型循环结构和后测型循环结构。两者区别在于判断条件的先后次序不同。

1. 前测型 Do … Loop 循环

格式:

```
Do  [{While|Until} <条件>]
    循环体
Loop
```

该语句的执行流程图如 4.16 所示。

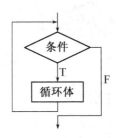

图 4.16　前测型 Do … Loop 循环语句流程图

Do While … Loop(当型循环)语句的功能:当条件成立(为真)时,执行循环体;当条件不成立(为假时),终止循环。

Do Until … Loop(直到型循环)语句的功能:当条件不成立(为假)时,执行循环体,直到条件成立(为真)时,终止循环。

例 4.10　验证角古猜想(1930):对于任意一个自然数 n,若 n 为偶数,就将其除以 2;若 n 为奇数,则将它乘 3 加 1(即 3n+1)。不断重复这样的运算,经过有限步后,一定可以得到 1。例如,从 13 开始,变化过程为 13→40→20→10→5→16→8→4→2→1,经过 9 步后到达 1。程序代码如下:

```
Option Explicit
Private Sub Form_Click()
    Dim n As Integer
    Cls
    n = Val(InputBox("请输入一个正整数", "验证", 13))
    Print n;
    Do While n <> 1
        If n Mod 2 = 1 Then
            n = n * 3 + 1
        Else
            n = n / 2
        End If
        Print " ->"; n;
    Loop
```

End Sub

2. 后测型 Do … Loop 循环

格式：

Do
　　　循环体
Loop [〈While | Until〉＜条件＞]

该语句的执行流程图如 4.17 所示。

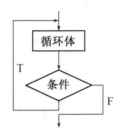

图 4.17　后测型 Do … Loop 循环语句流程图

功能：先执行循环体，然后判断条件，根据条件决定是否继续执行循环。

注意：本语句中循环体至少执行 1 次，而前测型 Do … Loop 语句中的循环体至少被执行 0 次（即一次都不执行循环）。

例 4.11　求两个自然数 m,n 的最大公约数和最小公倍数。

方法一：辗转相除法

算法思想：

① 对于已知两数 m,n,使得 m＞n;

② m 除以 n 得余数 r;

③ 若 r＝0,则 n 为求得的最大公约数,算法结束;若 n≠0,则 m←n,n←r,重复执行步骤②。

流程图如图 4.18 所示,实例如图 4.19。

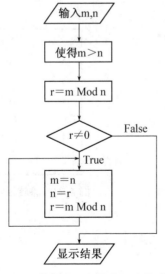

图 4.18　辗转相除法求最大公约数流程图

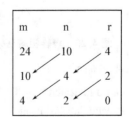

图 4.19　辗转相除示例

程序代码如下：

```
Option Explicit
Private Sub Command1_Click()
    Dim m%, n%, r%, mn&
    m = Val(InputBox("输入 m"))
    n = Val(InputBox("输入 n"))
    Print m; ","; n; "的最大公约数为";
    If m < n Then mn = m: m = n: n = mn        '使得 m>n
    mn = m * n                                 '为求最小公倍数,存放两者乘积
    r = m Mod n
    Do While (r <> 0)
        m = n
        n = r
        r = m Mod n
    Loop
    Print Tab(30); n
    Print "最小公倍数为"; Tab(30); mn / n
End Sub
```

方法二:辗转相减法

算法思想:

① 对于已知两数 m,n,若 m>n,则另 m 为 m 减 n 的差,否则,另 n 为 n 减 m 的差;

② 若 m=n,则 n 为求得的最大公约数,算法结束;若 m≠n,重复执行步骤①。

流程图如图 4.20 所示,实例如图 4.21。

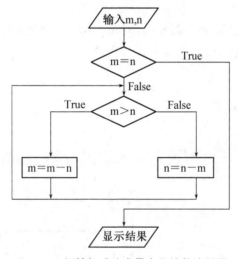

m	n
24	10
14	10
4	10
4	6
4	2
2	2

图 4.20　辗转相减法求最大公约数流程图   图 4.21　辗转相减示例

程序代码如下:

```
Option Explicit
Private Sub Form_click()
    Dim m%, n%, mn%
```

```
    m = Val(InputBox("输入 m"))
    n = Val(InputBox("输入 n"))
    Print m; ","; n; "的最大公约数为";
    mn = m * n
    Do Until m = n
        If m > n Then m = m - n Else n = n - m
    Loop
    Print Tab(30); n
    Print "最小公倍数为"; Tab(30); mn / n
End Sub
```

4.3.4　循环结构的嵌套

嵌套是指一个控制结构的语句块中包括了另一个控制结构。在 Visual Basic 语言中，所有的控制结构(包括 If 语句、Select Case 语句、Do ... Loop 语句、For ... Next 语句)都可以嵌套使用。

嵌套的规则：

(1) 嵌套的层数不限。

(2) 内层控制结构必须完全位于外层的一个语句块中。

(3) 内循环与外循环的循环变量名称不能相同。

(4) 为了便于阅读与排错，内层的控制结构应向右缩进。

例如，下面的循环嵌套式正确的，内层的循环完全位于外层循环之中：

(1) 正确的嵌套　　　　　　(2) 正确的嵌套

```
For i = j To k              Do Until b
    ......                       ......
    Do                          For i = j To
        ......                       ......
    Loop While b                Next
    ......                       ......
Next                        Loop
```

例 4.12　设计一个窗体，打印一个九九乘法表。

```
Option Explicit
Private Sub Form_Click()
    Dim i As Integer, j As Integer
    FontSize = 12
    Print Tab(35); "九九乘法表"
    Print Tab(33); "- - - - - - - - - - - - -"
    For i = 1 To 9
        For j = 1 To i
            Print Tab((j - 1) * 9 + 1); i & "*" & j & "=" & i * j;
        Next j
        Print
```

```
        Next i
    End Sub
```

执行本窗体,在其上单击鼠标执行上面的事件过程打印出如图 4.22 所示的乘法表。本程序采用两重循环;使用 Print 直接在窗体上输出结果。

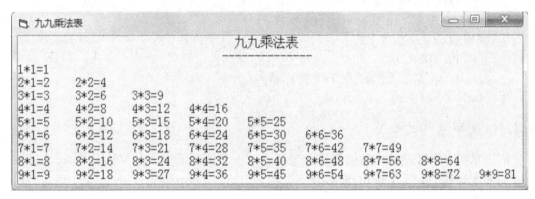

图 4.22　九九乘法表效果图

4.4　其他辅助控制语句和控件

4.4.1　GoTo 语句

使用 GoTo 语名将无条件地转移到指定的语句去执行。GoTo 语句的格式如下:

　　GoTo〈<语句标号> |<行号>〉

程序执行到 GoTo 语句时,将无条件地转移到<语句标号>或<行号>指定的语句。

注意:滥用 GoTo 语句会使程序结构不清晰,可读性差。因此,结构化程序设计中要求尽量少用或不用 GOTO 语句,用选择结构或循环结构来代替。

4.4.2　Exit 和 End 语句

1. Exit 语句

Exit 语句的作用是在循环体执行的过程中强制终止循环,或退出某种控制结构的执行。Exit 语句有多种形式,例如:Exit For,Exit Do,Exit Sub,Exit Function 等,分别表示退出一个 For 循环结构,退出一个 Do 循环结构,退出一个子过程,退出一个函数过程。

2. End 语句

End 是 Visual Basic 中的结束语句,其格式如下:

```
    End
```

用于结束程序的运行。例如:

```
    Sub Command1_Click()
        End
    End Sub
```

该过程用来结束程序,即当单击命令按钮时,结束程序的运行。

End 语句除了用来结束程序外,在不同的环境下还有其他的用途,例如:

End Sub	'结束一个 Sub 过程
End Function	'结束一个 Function 过程
End If	'结束一个 If 语句块
End Type	'结束自定义类型的定义
End Select	'结束情况语句

4.4.3　滚动条、进度条和定时器

1. 滚动条

滚动条是 Windows 应用程序中界面上的常见元素之一,能方便用户浏览长列表或大量信息。Visual Basic 提供了水平 ◢◣(HScrollBar)和垂直 ▲▼(VScrollBar)两种滚动条控件,它们不同于文本框、列表框和组合框中的滚动条会随着信息量的超出而自动显示,一般都与其他对象配合使用。水平滚动条和垂直滚动条除了方向不同,其功能和操作完全相同。它们的默认名称分别为 HScrollN 和 VScrollN(N 为 1,2,3……)。

(1) 主要属性

滚动条的主要属性如表 4.4 所示。

表 4.4　滚动条的主要属性

属性名	功能说明	默认值
Name	滚动条的名称	HScrollN、VScrollN
Max	滑块处于最右侧(水平滚动条)或最下边(垂直滚动条)时,是最大值	0
Min	滑块处于最左侧、或最上边时,是最小值	32 767
SmallChange	用户单击两端箭头时 Value 的增减量	1
LargeChange	用户单击滑块两端灰色区域时 Value 的增减量	1
Value	当前滑块位置的值	0

(2) 主要事件

滚动条控件利用 Change 事件和 Scroll 事件监视滚动条的移动。

① Change 事件　该事件在滚动后发生,只要滑块位置发生变化,即当 Value 属性值发生变化时,触发该事件。

② Scroll 事件　该事件在拖动滚动滑块时发生,在单击两端箭头或滚动条空白处不发生。当拖动操作结束,滑块位置变化,再产生 Change 事件。

例 4.13　编程实现利用滚动条的移动改变字体的大小,运行界面如图 4.23 所示。要求当滚动条移动时,将当前 Value 属性显示在 Label1 中,并同步改变 Label2 的字体大小。滚动条的 Name 属性设为 H1,Min 属性设为 5,Max 属性设为 30,LargeChange 属性设为 3。

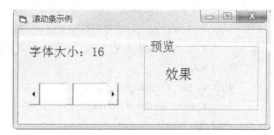

图 4.23　字体大小的滚动条

程序代码如下：

```
Private Sub Form_Load()
    Label2.FontSize = H1.Value
End Sub
Private Sub H1_Change()
    Label1.Caption = "字体大小:" & H1.Value
    Label2.FontSize = H1.Value
End Sub
```

2. 时钟控件

时钟控件（Timer）也称计时器。它独立于用户，能响应时间的变化。利用该控件的属性和代码设置，可以有规律地实现在固定时间间隔后完成某种规定的操作。它的默认名称为 TimerN（N 为 1，2，3……）。时钟控件只在设计时出现在窗体上，运行时是不可见的，所以它的位置和大小无关紧要。

（1）主要属性

① Enabled 属性

时钟控件 Enabled 属性和其他控件的 Enabled 属性不同，对于其他控件而言，是决定是否响应用户触发的事件，而对于时钟控件来说，是决定是否有效工作的。用户可通过代码修改该属性，从而实现启动或暂停时钟控件。

② Interval 属性

时钟控件最重要的属性就是 Interval 属性，该属性指定触发两次 Timer 时间之间的时间间隔，其单位时毫秒（ms），合法的属性值的范围为 0～65 535。其中，当 Interval 属性取值为 0（默认值）时，时钟控件无效。若需设定时间间隔为 1 秒，则 Interval 属性值必须设置为 1 000。

（2）主要事件

时钟控件只有 Timer 事件，该事件是周期性的。当时钟控件的 Enabled 属性值为 True 时，每隔 Interval 的时间间隔后便触发一次 Timer 事件。在实际应用中，常常利用该事件，实现某些简单的动画或有规律的重复性操作。

例 4.14 编程实现图片的定时移动，运行界面如图 4.24 所示。要求程序运行后，单击"开始"按钮，图片自上而下移动，同时滚动条的滑块随之移动。每隔 0.5 秒移动一次，当图片顶端移动到距窗体下边界的距离少于 200 时，则再回到窗体的顶部，重新向下移动。

图 4.24 时钟控件

程序代码如下：

```
Private Sub Command1_Click()
    Timer1.Enabled = True
End Sub
Private Sub Command2_Click()
    Timer1.Enabled = False
End Sub
Private Sub Form_Load()
```

```
        Timer1.Interval = 500
        VScroll1.Max = Form1.Height - 200
    End Sub
    Private Sub Timer1_Timer()
        Picture1.Top = Picture1.Top + 200
        VScroll1.Value = Picture1.Top
        If VScroll1.Value + 200 >= Form1.Height - 200 Then
            Picture1.Top = 0
        End If
    End Sub
```

习 题 4

1. 结构化程序设计的 3 种基本结构是什么?

2. 指出下列赋值语句中的错误。

(1) $3x = \sin(x) - y$

(2) $a = 5 + sqr(-6)$

(3) $x + y = z * y$

(4) $x = \sin(x)/(30 \bmod 2)$

3. MsgBox 函数与 InputBox 函数有什么区别? 各自获得的值是什么?

4. 指出下列语句中的错误。

(1) If a≤b Then Print a

(2) If 3<y<5 then y = y + 5

5. 按照给出的条件,写出相应的条件语句。

(1) 当 C 字符变量中第 3 个字符是"C"时,利用 MsgBox 显示"Yes";否则显示"No"。

(2) 利用 If 语句、Select Case 语句两种方法计算分段函数。

$$y = \begin{cases} x^2 + 3x + 2 & \text{当 } x>20 \\ \sqrt{3x} - 2 & \text{当 } 10 \leqslant x \leqslant 20 \\ \dfrac{1}{x} + |x| & \text{当 } 0<x<10 \end{cases}$$

(3) 利用 If 语句和 IIF 函数两种方法求 3 个数 a,b,c 中的最小值,并放入 Min 变量中。

6. 计算下列循环语句的次数。

(1) For I = -3 to 20 Step 4

(2) For I = -3.5 to 5.5 Step 0.5

(3) For I = -3.5 to 5.5 Step -0.5

(4) For I = -3 to 20 Step 0

7. 下列程序段中的 10~70 为语句标号,问 20 句执行了几次? 30 句执行了几次? 70 句的显示结果是多少?

```
10          For j = 1 To 12 Step 3
20              For k = 6 To 2 Step -2
```

```
30              mk = k
40              MsgBox ("j = " & j & "k = " & k)
50          Next k
60          Next j
70      MsgBox ("j = " & j & "k = " & k & "mk = " & mk)
```

8. 利用循环结构实现如下功能。

(1) $s = \sum_{i=1}^{10} (i+1)(2i+1)$

(2) 分别统计 1～100 中，满足 3 的倍数、7 的倍数的数各为多少？

(3) 将输入的字符串以反序显示。例如输入"ABCDEFG"，显示"GFEDCBA"。

第5章 数 组

前面的章节中所用到的变量都是简单变量,适用于处理少量的数据,各简单变量之间相互独立,没有内在的联系。而在一些实际问题中往往需要处理大量的相关数据,若用简单变量来处理将会很困难。例如,要用程序读入并处理 100 个学生的计算机二级考试成绩,若使用简单变量,则需要 100 个不同的变量来存储这些数据,显然这样做很麻烦。本章将要介绍数组这样一种数据结构,适合于处理数据量大、类型相同且有序的数据,数组的引入可大大简化这类问题的处理方法。

5.1 数组的概念

数组并不是一种数据类型,而是一组具有相同类型的有序数据的集合。这组数在内存中占据一片连续的存储单元,以一个统一的数组名来表示,以数组名加下标的方式来区分数组中的每一个存储单元。

5.1.1 数组与数组元素

数组是一个整体的概念,它用一片连续的存储单元来存储一组数据,用数组名标识一个数组,数组名的命名规则与简单变量的命名规则相同。数组中的每个存储单元都称为一个数组元素,数组是由一个个的数组元素组合而成的,数组元素的一般形式为:

　　　　数组名(下标 1[,下标 2,…])

下标表示顺序号,可以是常量、变量或算术表达式,每个数组元素有一个唯一的顺序号。

例如,为了存放 100 个学生的计算机二级考试成绩,需要一个大小为 100 的数组,即该数组包含 100 个数组元素。若数组名为 mark,则其数组元素依次为 mark(1),mark(2),mark(3),…,mark(100),mark 数组的内存分配如下:

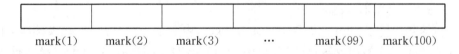

　　mark(1)　　　mark(2)　　　mark(3)　　　…　　　mark(99)　　mark(100)

数组元素在程序中的使用方法类似于简单变量。例如,数组元素可以被赋值,也可以参与各种运算,因此数组元素也称为下标变量。

如果一个数组的元素只有一个下标,则该数组称为一维数组。一维数组只能表示线性顺序,其结构与数学中的向量是一样的。例如,某个学生本学期五门课的成绩可以用一个大小为 5 的一维数组 A 来存放,五门课成绩分别存放在数组元素 A(1)、A(2)、A(3)、A(4)、A(5)中。

如果一个数组的元素有两个下标,则该数组称为二维数组。二维数组的表示形式是由行和列组成的一个二维表,数组元素的两个下标分别表示数组元素在二维表中的行号和列号。例如,要表示某个宿舍四个学生本学期五门课的成绩,可以用一个 4 行 5 列的二维表,即用一个 4 行 5 列的二维数组来存放,该数组的结构如下(假设数组名为 B):

B(1,1)	B(1,2)	B(1,3)	B(1,4)	B(1,5)
B(2,1)	B(2,2)	B(2,3)	B(2,4)	B(2,5)
B(3,1)	B(3,2)	B(3,3)	B(3,4)	B(3,5)
B(4,1)	B(4,2)	B(4,3)	B(4,4)	B(4,5)

每个数组元素可存放一个学生一门课的成绩,数组的每一行可表示一个学生五门课的成绩,每一列可表示四个学生某一门课的成绩。

根据问题的需要,还可以选择三维数组、四维数组等,Visual Basic 数组最多允许有 60 维。本章主要掌握一维数组和二维数组的使用。

在使用数组之前必须对数组进行声明,确定数组的名称和数据类型,指明数组的维数和每一维的上、下界的取值范围,这样系统就可以为数组分配一块内存区域,存放数组的所有元素。按数组占用存储空间的方式不同,Visual Basic 有两种数组:定长数组和动态数组。两种数组的声明方法不同,使用方法也略有不同。

5.1.2　定长数组及声明

定长数组是指在声明时就确定了数组大小,并且在程序运行期间不能改变大小的数组。这种数组在编译阶段就已经确定了存储空间,直到程序执行完毕。声明定长数组的语句形式如下:

Public│Private│Static│Dim 数组名(下标 1[,下标 2,…]) [As 数据类型]

其中,Public、Private、Static、Dim 这 4 个关键字中选择 1 个,这里选择 Dim,另外 3 个关键字的用法将在第 6 章详细介绍。数组名的命名规则和普通变量相同。如果有 1 个下标,则声明的数组为一维数组;如果有 2 个下标,则声明的数组为二维数组。

下标的形式为:[下界 To]上界,上界不得小于下界,若省略下界,则默认下界为 0。"As 数据类型"用来说明数组的数据类型,与变量声明相似,若省略则为变体型。

例如,有如下数组声明语句:

Dim a(5) As Integer

Dim b(-3 To 4) As String

第一行语句等价于 Dim a(0 To 5) As Integer,声明了一个整型的一维数组 a,下界为 0,上界为 5,共有 6 个数组元素,分别为 a(0)、a(1)、a(2)、a(3)、a(4)、a(5)。第二行语句声明了一个变长字符串型的一维数组 b,下界为 -3,上界为 4,共有 8 个数组元素,分别为 b(-3)、b(-2)、b(-1)、b(0)、b(1)、b(2)、b(3)、b(4)。可以看出,一维数组的元素个数为:上界 - 下界 + 1。

若要声明一个二维数组,则需要 2 个下标,第 1 个下标说明第一维的下界和上界,第 2 个下标说明第二维的下界和上界。

例如,Dim c(2, 1 To 2) As Single 声明了一个单精度型的二维数组 c,其在结构上为一个 3 行 2 列的二维表。第一维缺省了下界,因此下界为 0,上界为 2;第二维下界为 1,上界为 2。每一维的大小 = 上界 - 下界 + 1,数组元素的个数为各维大小的乘积,数组 c 中共有

3×2＝6 个数组元素,分别为:c(0,1)、c(0,2)、c(1,1)、c(1,2)、c(2,1)、c(2,2)。

再如,Dim d(3,4) As Integer 声明了一个 4 行 5 列的二维数组,共 20 个数组元素,其结构如下:

d(0,0)	d(0,1)	d(0,2)	d(0,3)	d(0,4)
d(1,0)	d(1,1)	d(1,2)	d(1,3)	d(1,4)
d(2,0)	d(2,1)	d(2,2)	d(2,3)	d(2,4)
d(3,0)	d(3,1)	d(3,2)	d(3,3)	d(3,4)

数组声明后,Visual Basic 自动对数组元素进行初始化。类似于变量的初始化,数值型数组元素初始化为 0,变长字符串型数组元素初始化为空字符串,定长字符串型数组元素初始化为指定长度的空格。

注意:

(1) 数组下标的下界默认为 0,为便于使用,可在窗体模块的通用声明部分用 Option Base n 语句重新设定数组的默认下界,n 的值只能为 0 或 1。例如,Option Base 1 设定数组的默认下界为 1。

(2) 定长数组声明时的下标只允许出现常量,不允许出现变量。例如,有如下数组声明语句:

```
Dim n As Integer
n = 10
Dim a(n) As Integer
```

其错误在于 n 是变量,不能作为定长数组声明中的下标。

5.1.3 动态数组及声明

动态数组是指在程序运行时才确定大小、给其分配存储空间的数组,并且在程序运行期间可以改变大小。在解决实际问题时,有时并不知道所需数组应该有多大才合适,希望能够在程序运行时改变数组的大小,使用动态数组可以达到这个要求,并且可以在不需要时清除动态数组所占的内存空间,从而合理、有效地管理内存。

动态数组的声明分为以下两个步骤:

(1) 用 Dim 语句声明一个不指定大小的数组,括号中没有下标,语句形式为:

　　　Dim　数组名( )〔As 数据类型〕

(2) 当程序了解到数组应该有多大之后,再使用 ReDim 语句动态地为数组分配存储空间,确定元素个数,语句形式为:

　　　ReDim　数组名(下标 1〔,下标 2,…〕)

例如,在计算机二级考试报名前需声明一个数组 mark 用于以后存放某个班学生的计算机二级考试成绩。由于在报名前还不知道有多少学生报名,因此数组的大小不能确定,可用语句 Dim mark( ) As Integer 完成第一步的声明。等到报名之后,假设确定有 50 个学生报名,可用语句 ReDim mark(50)来确定数组的大小。如果后面学生的报名人数又发生了变化,可再使用 ReDim 语句改变数组的大小。

注意:

(1) Dim 语句是说明性语句,可出现在程序的任何地方,而 ReDim 语句是可执行语句,只能出现在过程中。

（2）用 Dim 语句声明定长数组时，下标只能是常量；用 ReDim 语句改变数组大小时，下标可以是常量，也可以是有确定值的变量。

（3）ReDim 语句只能改变数组的大小，不能改变数组的数据类型。

（4）ReDim 语句可改变数组的维数及每一维的大小，但每次执行 ReDim 语句都会使原来数组中的值丢失。若要保留原数组中的值，可在 ReDim 后加关键字 Preserve，此时只能改变最后一维的大小，前面几维都不能改变。

例如，以下程序在窗体模块的通用声明段用语句 Dim a( ) As Integer 声明一个动态数组 a，在命令按钮 Command1 的单击事件过程中用语句 ReDim a(m)将 a 定义成一个大小为 10 的一维数组，在命令按钮 Command2 的单击事件过程中用语句 ReDim a(n, n) 将 a 重新定义成一个 5 行 5 列的二维数组，共 25 个元素。

```
Dim a( ) As Integer                   '声明动态数组
Private Sub Command1_Click()
    Dim m%, i%
    m = 9
    ReDim a(m)                        '重新定义数组大小
    For i = 0 To m
        a(i) = 1
    Next i
End Sub
Private Sub Command2_Click()
    Dim n%, i%, j%
    n = 4
    ReDim a(n, n)                     '重新定义数组为二维数组
    For i = 0 To n
        For j = 0 To n
            a(i, j) = 2
        Next j
    Next i
End Sub
```

5.2　数组的基本操作

数组声明之后就可以使用数组了。对数组的操作主要是通过对数组元素的操作实现的，基本操作有数组元素的赋值、输出、运算与处理等。可以像给普通变量赋值一样给数组元素赋值，将数组元素在文本框或标签控件中输出，也可以用 Print 方法将数组元素输出到窗体或图片框，数组元素还可以出现在表达式中参与各种运算。

数组元素在内存中是按顺序存放的，各元素的下标值是连续的，因此当需要对整个数组或数组中连续的元素进行处理时，使用循环来处理是最有效的方法。

5.2.1　数组元素的赋值

如果要给个别数组元素赋值，可以像给普通变量赋值那样用赋值语句即可。例如，如下

语句分别给 a(0)、a(1)、a(3)三个数组元素赋了值。

```
Dim a(5) As Integer
a(0) = 2
a(1) = 3
a(3) = a(0) + a(1)
```

显然,当需要对多个连续的数组元素赋值时,用这样的方法会很麻烦。本小节主要介绍用循环语句、Array 函数等为多个连续的数组元素赋值。

1. 通过循环给数组元素赋值

若在一个 For 循环中用循环变量作为数组元素的下标,就可以依次访问一维数组的每一个元素。同样地,可以使用双重 For 循环,用外层循环变量作为数组元素第一维的下标,用内层循环变量作为数组元素第二维的下标,就可以依次访问二维数组的每一个元素。例如,下面的语句声明了一个一维数组 mark 用于存放 10 个学生的考试成绩,然后分别给每个数组元素赋值。

```
Private Sub Form_Click()
    Dim mark(9) As Integer, i As Integer
    For i = 0 To 9
        mark (i) = InputBox("请输入一个成绩", "数组元素赋值")
        Print mark(i);
    Next i
End Sub
```

在这段程序中,用 InputBox 函数让用户从键盘输入值赋给数组元素。每次执行到 InputBox 函数程序都会暂停并等待用户输入,用户输入值后只能赋给一个数组元素,因此效率比较低。对于大量数组元素的赋值,可以在循环体中用 Rnd 函数生成随机数,然后赋值给数组元素。

例如,下面的语句声明了一个 4 行 5 列的二维数组 a,并在 For 循环中使用随机函数 Rnd 给每个数组元素赋值,所赋值为 1 到 100 之间的随机整数。

```
Option Base 1
Private Sub Form_Click()
    Dim a(4, 5) As Integer
    Dim i As Integer, j As Integer
    For i = 1 To 4
        For j = 1 To 5
            a(i, j) = Int(100 * Rnd + 1)
        Next j
    Next i
End Sub
```

2. 用 Array 函数给一维数组赋值

如果要用循环给各数组元素赋指定的值,还是比较麻烦。可以使用 Array 函数一次性给一个一维数组赋值,其语法形式如下:

变体型变量 = Array(常量列表)

其中,变体型变量即为 Variant 类型的变量,常量列表是用逗号分隔的多个常量值。

Array 函数会将变体型变量创建成一个一维数组,数组的大小与常量列表中常量的个数相同,常量列表中的各常量值依次赋给每一个数组元素。

例如,有如下语句:

Dim a

a = Array(1, 2, 3, 4, 5)

第一行声明了一个变体型变量 a,第二行用 Array 函数将 a 创建成一个大小为 5 的一维数组,下界为 0,上界为 4,数组元素 a(0)、a(1)、a(2)、a(3)、a(4)所赋的值分别为 1、2、3、4、5。若省略第一行,则变量 a 未定义直接使用,仍然是变体型,效果是一样的。若在窗体模块的通用声明段中加上 Option Base 1 语句,则数组 a 的下界为 1,上界为 5,第一个数组元素为 a(1)。

Array 函数只能给变体型变量或变体型的动态数组赋值,所创建的一维数组的下界只能是默认下界,即 0 或 1,由 Option Base 语句决定。另外,可以使用 LBound 函数和 UBound 函数来获取数组某一维的下界和上界,其语法形式为:

LBound(数组名[,第 n 维])　　　UBound(数组名[,第 n 维])

若缺省第二个参数"第 n 维"则表示第一维,对于一维数组可省略第二个参数。例如,有一维数组 a 和二维数组 b,LBound(a)和 UBound(a)分别返回数组 a 的下界和上界,LBound(b,1)和 UBound(b,2)分别返回数组 b 第一维的下界和第二维的上界。

例 5.1　假设有若干个学生的计算机二级考试成绩分别为:82,75,92,63,72,56,85,77,用 Array 函数将这些成绩存放到一个一维数组中,然后在窗体上输出这些成绩。程序代码如下,运行效果如图 5.1 所示。

```
Private Sub Form_Click()
    Dim mark, i As Integer
    mark = Array(82, 75, 92, 63, 72, 56, 85, 77)
    Print "计算机二级考试成绩为:"
    For i = LBound(mark) To UBound(mark)
        Print mark(i);
    Next i
End Sub
```

图 5.1　运行效果

5.2.2　数组元素的输出

数组元素的输出与普通变量的输出方法相同,可以使用 Print 方法将数组元素显示在窗体或图片框中,也可以使用控件输出数组元素,如文本框、标签、列表框、组合框等。

例 5.2　构造一个 5×5 的方阵,并在左边的图片框中输出,然后在右边的文本框中输出方阵下三角的所有元素,运行效果如图 5.2 所示。

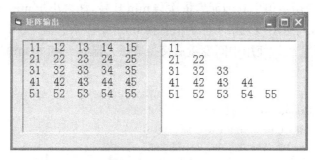

图 5.2 方阵的输出

程序代码如下:

```
Option Base 1
Private Sub Form_Click()
    Dim a%(5, 5), i%, j%
    '赋值并输出所有数组元素
    For i = 1 To 5
        For j = 1 To 5
            a(i, j) = i * 10 + j
            Picture1. Print a(i, j);
        Next j
        Picture1. Print
    Next i
    '输出下三角数组元素
    For i = 1 To 5
        For j = 1 To i
            Text1 = Text1 & Str(a(i, j)) & " "
        Next j
        Text1 = Text1 & vbCrLf
    Next i
End Sub
```

5.2.3 数组元素的处理

数组元素可以像普通变量那样进行各种运算和处理,可以出现在表达式的任何位置。但要注意,在引用数组元素时,数组元素的下标值必须在数组声明时所规定的上、下界范围之内,否则会产生"下标越界"的错误。

例 5.3 找出一维数组中的最小数组元素,并将其与第一个数组元素交换。

分析:

(1) 假设数组名为 a,第一个数组元素为 a(1),用变量 min 存放找出的最小元素值。由于还需要将最小数组元素和第一个数组元素交换,因此用变量 imin 存放最小元素的下标值。

（2）首先将数组的第一个元素即 a(1)的值赋给 min,同时给 imin 赋初值为 1,即假设第一个元素最小。然后用数组中其他元素依次与 min 比较,如果小于 min,则用该元素的值替换 min 中原来的值,同时用该元素下标的值替换 imin 中原来的值。

（3）若 imin 不等于 1,使用中间变量法交换数组元素 a(1)与 a(imin)的值。

程序代码如下:

```
Option Base 1
Private Sub Command1_Click()
    Dim a, i%, min%, imin%, t%
    a = Array(82, 75, 92, 63, 72, 56, 85, 77, 68, 84)
    min = a(1): imin = 1                          '假设第 1 个元素最小
    For i = 2 To UBound(a)
        If a(i) < min Then                        '发现更小的元素
            min = a(i): imin = i
        End If
    Next i
    If imin <> 1 Then
        t = a(1): a(1) = a(imin): a(imin) = t      '将最小元素与第 1 个元素交换
    End If
    For i = 1 To UBound(a)
        Print a(i);
    Next i
End Sub
```

说明:

① 程序在循环之前假设第一个数组元素最小,因此给 min 赋初值为 a(1),给 imin 赋初值为 1。其实一开始不一定要假设第一个数组元素最小,可以假设任意一个数组元素最小,比如假设第二个数组元素最小,这样就给 min 赋初值为 a(2),给 imin 赋初值为 2,程序中的循环语句 For i = 2 To UBound(a)应改成 For i = 1 To UBound(a),其他语句都不用变化。

② 如果要找出数组中的最大元素,方法与找最小元素相似。可以用变量 max 存放找出的最大元素值,一开始假设第一个元素最大,将 a(1)的值赋给 max,然后用数组中其他元素依次与 max 比较,如果大于 max,则用该元素的值替换 max 中原来的值。

5.2.4　使用 For Each ... Next 循环

在处理数组元素时,经常会使用循环语句。Visual Basic 提供了一个与 For ... Next 语句类似的 For Each ... Next 语句,它是专门用来为数组或对象集合中的每个元素重复执行一组语句而设置的,这里我们用它来对数组中的所有元素重复进行类似的操作,其语句形式为:

```
For Each 成员变量 In 数组
    ［语句组］
    ［Exit For］
    ［语句组］
```

Next 成员变量

其中,成员变量必须是一个变体型变量,它代表数组中的一个元素。该语句按数组元素在内存中的排列顺序依次处理每个元素,在处理完最后一个元素后会自动停止循环,因此循环次数等于数组元素个数。

例如,下面的程序生成一个一维数组并赋值,然后将所有数组元素输出。

```
Option Base 1
Private Sub Form_Click()
    Dim a(10) As Integer
    Dim i As Integer,v As Variant
    For i = 1 To 10
        a(i) = 2 * i
    Next i
    For Each v In a                    ' 循环遍历每一个数组元素
        Print v;
    Next v
End Sub
```

可以看出,For Each … Next 语句适合于对数组的所有元素进行类似的处理,若要对数组中部分元素进行处理或控制对数组元素的处理次序,则难以实现。

5.3 数组的其他操作与应用

5.3.1 数组排序

排序是将一组数按递增或递减的次序排列,例如将一个班某门课程的成绩按从高到低排序。排序的算法有很多,如选择排序法、冒泡排序法、插入排序法、归并排序法等。不同的排序算法效率不同,这里主要介绍选择法和冒泡法。

1. 选择排序法

选择排序法是最常用的排序算法之一,其思路简单,且易于理解。其算法以例 5.3 找数组中最小元素并与第一个元素交换的方法为基础,假定有 n 个元素的一维数组 a,第一个元素为 a(1),要求按递增排序,具体的实现方法如下:

先按例 5.3 的方法从 n 个数中找出最小数并与第一个数 a(1) 交换,这样 a(1) 中就是最小的数,相当于第一个数已经排好序了,接下来只需要对剩下的 n-1 个数进行排序。从 n-1 个数中找出最小数并与 a(2) 交换,a(2) 就是整个数组中第二小的数,相当于第二个数已经排好序了,接下来对剩下的 n-2 个数进行与上面同样的操作。当第 n-1 个数排好序后,第 n 个数必然就是最大数,整个数组的排序就完成了。

整个排序工作需要经过 n-1 次找最小数的操作才能实现,而每次找最小数都需要通过一个循环来实现,因此整个排序用二重循环才能实现。外层循环用于控制找最小数的轮次,n 个数的排序需要 n-1 轮,内循环通过数组元素的比较确定最小元素的下标。

例 5.4 生成一个大小为 10 的一维数组并输出,然后按从小到大的顺序排序,并将排序后的数组输出,运行效果如图 5.3 所示。

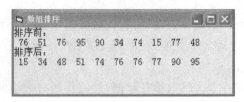

图 5.3　数组排序

```
Option Base 1
Private Sub Form_Click()
    Dim a(10) As Integer
    Dim i%, j%, imin%, t%
    Print "排序前:"
    Randomize
    For i = 1 To 10                              '给数组每个元素赋值并输出
        a(i) = Int(90 * Rnd + 10)
        Print a(i);
    Next i
    Print
    For i = 1 To 9                               '进行 9 轮比较
        imin = i
        For j = i + 1 To 10                      '找出最小元素的下标
            If a(j) < a(imin) Then imin = j
        Next j
        If imin <> i Then
            t = a(i): a(i) = a(imin): a(imin) = t    '最小元素与第 i 个元素交换
        End If
    Next i
    Print "排序后:"
    For i = 1 To 10
        Print a(i);
    Next i
End Sub
```

思考:若要把上例改成按从大到小的顺序排序,程序如何修改?

2. 冒泡排序法

假定有 n 个元素的一维数组 a,第一个元素为 a(1),要求按递增排序,则冒泡法排序的算法如下:

(1) 从第一个元素开始,依次比较数组中相邻两元素,a(1)与 a(2)比较,a(2)与 a(3)比较……直到最后 a(n-1)与 a(n)比较,若左边大于右边,则将左右两边的值交换。第一轮比较结束之后,最大的数"沉底",成为数组中最后一个元素 a(n),而小的数如同气泡一样"上浮"。

(2) 对前 n-1 个元素进行同(1)的操作,即 a(1)与 a(2)比较,a(2)与 a(3)比较……直到最后 a(n-2)与 a(n-1)比较。第二轮比较结束后 a(n-1)成为第二大的数,第二轮比较的次数比第一轮少 1 次。

(3) 继续进行第三轮、第四轮,直至第 n-1 轮比较。第 n-1 轮只需要比较 a(1)与 a(2),大的数放在 a(2)中,剩下的最小的数自然就在 a(1)中,整个数组的排序就完成了。

由此可见,n 个数的排序需要经过 n-1 轮比较。用程序实现时需要一个二重循环,外层循环控制比较的轮次,内层循环控制参与比较的两个数组元素的下标。将例 5.4 改成用冒泡排序法实现的程序代码如下:

```
Option Base 1
Private Sub Form_Click()
    Dim a(10) As Integer
    Dim i%, j%, t%
    Print "排序前:"
    Randomize
    For i = 1 To 10                          '给数组每个元素赋值并输出
        a(i) = Int(90 * Rnd + 10)
        Print a(i);
    Next i
    Print
    For i = 1 To 9                           '进行 9 轮比较
        For j = 1 To 10 - i
            If a(j) > a(j + 1) Then          '比较相邻两个元素
                t = a(j): a(j) = a(j + 1): a(j + 1) = t
            End If
        Next j
    Next i
    Print "排序后:"
    For i = 1 To 10
        Print a(i);
    Next i
End Sub
```

5.3.2　数组查找

在一组数中查找是否存在指定的数是经常会用到的操作。在数组中查找指定的数一般有两种方法:一种是顺序查找,另一种是二分查找。

1. 顺序查找

顺序查找是从数组的第一个元素开始,依次用数组的每一个元素与要查找的数进行比较,如果相等则说明找到,如果没有任何一个元素与要查找的数相等,则说明找不到。

例 5.5　生成一个一维数组并赋值,然后查找指定的数是否存在。运行效果如图 5.4 所示,单击"生成数组"生成一个一维数组并在文本框中显示,单击"查找"弹出输入框让用户从键盘输入要查找的数,在下面的文本框中显示查找结果,图中显示的为查找到的情况。

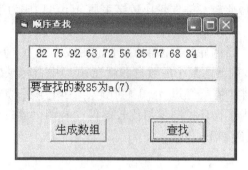

图 5.4　顺序查找

```
Option Base 1
Dim a As Variant
Private Sub Command1_Click()
    Dim i As Integer
    a = Array(82, 75, 92, 63, 72, 56, 85, 77, 68, 84)
    For i = 1 To UBound(a)
        Text1 = Text1 & Str(a(i))
    Next i
End Sub
Private Sub Command2_Click()
    Dim i As Integer, x As Integer
    x = InputBox("请输入要查找的数")
    For i = 1 To UBound(a)                    ' 依次与数组中每个元素进行比较
        If a(i) = x Then Exit For
    Next i
    If i <= UBound(a) Then
        Text2 = "要查找的数" & x & "为 a(" & i & ")"
    Else
        Text2 = "要查找的数" & x & "不在数组中"
    End If
End Sub
```

　　顺序查找将要查找的数依次与每个数组元素比较,如果要查找的数在数组中比较靠后或不在数组中,则比较的次数会很多,最坏情况下比较的次数等于数组元素个数。顺序查找的缺点是当数组很大时需花费很多时间,效率较低,优点是算法简单,容易实现。

　　2. 二分查找

　　若在一个已排好序的数组中查找指定的数,可采用二分查找,也叫折半查找。二分查找每次操作都将查找范围一分为二,即将查找区间缩小一半,因此提高了查找的效率。

　　假设数组 a 中有 15 个有序整数:2,8,11,17,20,24,36,39,47,58,66,70,77,85,91。设变量 left 代表查找区间的左端,初值为 1,变量 right 代表查找区间的右端,初值为数组的上界,要查找的数为 x,则二分查找的算法如下:

　　(1) 计算查找区间的中间位置 mid,即 mid = (left + right)/2。判断 a(mid)与 x 是否相

等,若相等则找到,算法结束。

(2) 如果 a(mid)<x,说明 x 可能在右半区间,即 a(mid)与 a(right)之间,因此重新设置 left = mid+1。

(3) 如果 a(mid)>x,说明 x 可能在左半区间,即 a(left)与 a(mid)之间,因此重新设置 right = mid-1。

重复上述 3 个步骤,每次查找区间缩小一半,如此反复,直到 left 大于 right,结果是查找到此数或查找不到。可用 Do … Loop 循环语句实现上述算法,循环条件是 left< = right,程序代码如下:

```
Option Base 1
Dim a As Variant
Private Sub Command1_Click()
    Dim i As Integer
    a = Array(2, 8, 11, 17, 20, 24, 36, 39, 47, 58, 66, 70, 77, 85, 91)
    For i = 1 To UBound(a)
        Text1 = Text1 & Str(a(i))
    Next i
End Sub
Private Sub Command2_Click()
    Dim x%, left%, right%, mid%
    left = 1: right = UBound(a)
    x = InputBox("请输入要查找的数")
    Do While left <= right
        mid = (left + right) / 2
        If a(mid) = x Then                       '找到了
            Text2 = "要查找的数" & x & "为 a(" & mid & ")"
            Exit Do
        ElseIf a(mid) < x Then                   '待查找的数在右半区间
            left = mid + 1
        Else                                     '待查找的数在左半区间
            right = mid - 1
        End If
    Loop
    If left > right Then
        Text2 = "要查找的数" & x & "不在数组中"
    End If
End Sub
```

单击命令按钮 Command1,用 Array 函数给数组 a 赋值,并在文本框 Text1 中输出。单击命令按钮 Command2,弹出输入框让用户从键盘输入要查找的数,然后用循环实现二分查找,在文本框 Text2 中显示查找结果。

二分查找的效率明显高于顺序查找,但只能针对有序数列进行查找,若要在无序数列中查找,首先要对数列进行排序。

5.3.3　有序数组的维护

对于一个有序数组,有时需要删除其中的数据或插入新数据,执行这些操作后,要保证数组中的数据还是有序的。

如果要删除数组中的某个数,首先要找到这个数在数组中的位置,然后将其后面的所有数依次向前移动 1 个位置。例如,数组 a 有 8 个元素,要将值为 15 的元素删除,首先求出 15 在数组中的位置 p,然后依次将第 p+1 个元素到第 8 个元素往前移动 1 个位置,最后将数组元素个数减 1,其过程如图 5.5 所示。

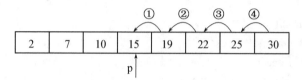

图 5.5　删除元素操作示意图

程序代码如下:

```
Option Base 1
Private Sub Command1_Click()
    Dim a()                          'a 为变体型动态数组
    Dim x%, n%, i%, p%
    a = Array(2, 7, 10, 15, 19, 22, 25, 30)
    n = UBound(a)
    x = InputBox("请输入要删除的数")
    For p = 1 To n                   '查找 x 在数组中的位置
        If x = a(p) Then Exit For
    Next p
    If p > n Then                    '说明 x 不在数组中
        MsgBox ("找不到此数")
        Exit Sub
    End If
    For i = p + 1 To n               'x 后的元素依次左移
        a(i - 1) = a(i)
    Next i
    n = n - 1
    ReDim Preserve a(n)              '元素个数减 1
    For i = 1 To n
        Print a(i);
    Next i
End Sub
```

如果要在数组中插入一个数并保持数组仍然有序,首先要确定应插入的位置 p,然后从最后一个元素开始,一直到第 p 个元素,依次往后移动 1 个位置,这样第 p 个位置就空出来了,将数据插入进去即可。

对于上例中的数组 a,如果要插入 12,需要从数组的第 1 个元素开始,依次将各元素与 12 进行比较,如果某个元素 a(p)大于 12,则找到了 12 应插入的位置 p,然后依次将第 8 个元素到第 p 个元素往后移动 1 个位置,将 12 插入到第 p 个位置上,最后将数组元素个数加 1,其过程如图 5.6 所示。

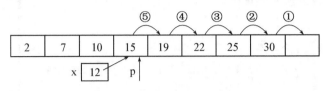

图 5.6　插入元素操作示意图

程序代码如下:

```
Option Base 1
Private Sub Command1_Click()
    Dim a()                          'a 为变体型动态数组
    Dim x%, n%, i%, p%
    a = Array(2, 7, 10, 15, 19, 22, 25, 30)
    n = UBound(a)
    x = InputBox("请输入要插入的数")
    For p = 1 To n                   '查找 x 应插入的位置
        If x < a(p) Then Exit For
    Next p
    n = n + 1
    ReDim Preserve a(n)              '元素个数加 1
    For i = n To p + 1 Step -1       '从第 n-1 个到第 p 个元素依次右移
        a(i) = a(i - 1)
    Next i
    a(p) = x                         '将 x 插入
    For i = 1 To n
        Print a(i);
    Next i
End Sub
```

5.3.4　分类统计

分类统计是将一批数据按某种分类条件统计每一类中包含的数据的个数。例如,将学生的考试成绩按优、良、中、及格、不及格五类,统计各类的人数;教师按职称的不同统计各类职称的教师人数。这类问题一般要掌握分类的条件表达式的书写,以及用计数器变量进行相应的计数。

例 5.6　在文本框 Text1 中输入一串英文字符,统计各英文字母(不区分大小写)出现的次数并显示在文本框 Text2 中,运行效果如图 5.7 所示。

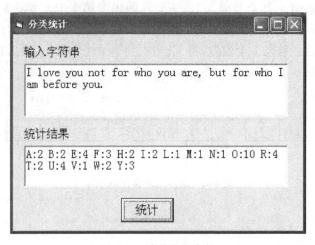

图 5.7　统计字母个数

分析：

（1）要统计 26 个英文字母出现的次数，可以声明一个大小为 26 的一维数组 a，下标范围是 0 到 25，依次用来存放 26 个字母出现的次数，即 a(0)存放字母 A 出现的次数，a(1)存放字母 B 出现的次数……a(25)存放字母 Z 出现的次数。

（2）从输入字符串中逐一取出每个字符，转换成大写字符后，根据 ASCII 码计算出其对应的数组元素下标，将该数组元素中的值加 1。

（3）依次判断每个数组元素，若大于 0 说明其对应的字母出现过，在文本框中显示该字母及其出现的次数。

程序代码如下：

```
Private Sub Command1_Click()
    Dim a(25) As Integer, i As Integer, j As Integer
    Dim s As String, c As String * 1
    s = Text1
    For i = 1 To Len(s)
        c = UCase(Mid(s, i, 1))          '取字符串中一个字符并转换为大写
        If c >= "A" And c <= "Z" Then
            j = Asc(c) - Asc("A")        '将 A~Z 大写字母转换成 0~25 的下标
            a(j) = a(j) + 1              '对应数组元素加 1
        End If
    Next i
    For i = 0 To 25                      '输出字母及其出现次数
        If a(i) > 0 Then
            Text2 = Text2 & Chr(i + 65) & ":" & a(i) & " "
        End If
    Next i
End Sub
```

5.4 列表框和组合框控件

列表框控件用于列出可供用户选择的项目列表,该项目列表可以看作是一个字符型数组,其中的每一项可以看作是一个数组元素,用户可以选择列表框中的一项或多项。组合框控件的作用和使用方式与列表框相似,也提供了可选择的列表,它是组合了文本框和列表框的特性而形成的一种控件。

5.4.1 列表框

列表框(ListBox)提供了可选择的列表项,用户只能从中选择一项或多项,而不能直接修改其内容。当列表项很多,超过列表框设计的高度时,列表框还会自动附加一个垂直滚动条。

1. 主要属性

下面以图 5.8 中的列表框(名称为 List1)为例,介绍列表框的主要属性。

图 5.8 列表框示例

(1) List

该属性是一个字符型数组,用于存放列表框中的项目,数组的每一个元素对应一个列表项。数组的下标从 0 开始,最大为:列表项总数 - 1。在图 5.8 中,列表框中共有 6 个项目,List1.List (0)表示第一个列表项,即"计算机基础"。若要引用"高等数学"这一项,则应写成 List1.List (3)。

(2) ListCount

表示列表框中项目的总数,图 5.8 中列表框的 ListCount 属性值为 6。列表框中项目的序号从 0 开始,最后一项的序号为 ListCount - 1。

(3) ListIndex

程序运行时被选中的列表项序号。图 5.8 中被选中的列表项为"大学英语",因此 ListIndex 属性值为 2。若未选中任何列表项,则属性值为 - 1。

(4) Text

程序运行时被选中的列表项的文本内容。例如,图 5.8 中 List1 的 Text 属性值为"大学英语"。

(5) Selected

该属性是一个逻辑型数组,每个数组元素的值为 True 或 False,对应着某个列表项是否被选中。例如,图 5.8 中"大学英语"这一项被选中了,因此 List1.Selected (2)的值为 True,其余元素值为 False。

(6) MultiSelect

决定能否同时选中多个列表项,以及选择列表项的方式。该属性有如下 3 种取值:

0——None:为缺省值,禁止多项选择,每次只能选择一项。

1——Simple:简单多项选择。可同时选多项,单击鼠标或按空格键可选择或取消选择一个列表项。

2——Extended：扩展多项选择。按下 Shift 键并单击鼠标，或按下 Shift 键和一个方向键选择从上一选择项到当前选择项之间的所有项；按下 Ctrl 键并单击鼠标可以选择或取消选择一个列表项。

注意：

（1）虽然不能在窗体上直接修改列表框中的内容，但可以用代码修改其中的某一项。例如，要将图 5.8 列表框中"VB 程序设计"这一项改为"C 程序设计"，可以使用语句：

　　　List1.List(1) = "C 程序设计"

（2）ListCount、ListIndex、Text、Selected 这几个属性不能在属性窗口中设置，只能在程序中用代码引用或设置。MultiSelect 属性只能在属性窗口中设置，程序运行时不能修改。

（3）若要引用列表框 List1 中被选中列表项的文本，可以使用 List1.Text 或 List1.List(List1.ListIndex)，效果相同。Text 属性为只读，不能通过赋值语句修改列表框的 Text 属性值。

2. 事件

列表框可接受 Click、DblClick 等大多数控件通用的事件，但通常不编写其 Click 事件过程，而是与命令按钮配合使用，在列表框中选择好列表项后，再单击命令按钮执行相应的操作。

3. 方法

（1）AddItem

该方法用于向列表框中添加一个列表项，其语法形式如下：

　　　对象名.AddItem　项目字符串［,序号］

其中，对象名即为列表框的名称，项目字符串为要添加到列表框中的列表项的文本。序号为可选参数，决定了列表项添加到列表框中的位置，若省略序号，则将列表项添加到列表框中作为最后一项。对于图 5.8 中的列表框，假设有如下两条语句：

　　　List1.AddItem "体育"

　　　List1.AddItem "语文", 2

第一条语句将"体育"添加到列表框中作为最后一项，第二条语句将"语文"添加到列表框中"大学英语"这一项的前面。

（2）RemoveItem

该方法用于从列表框中删除指定的列表项，其语法形式如下：

　　　对象名.RemoveItem 序号

序号决定了要删除的列表项的序号。例如，要删除图 5.8 列表框中"计算机基础"这一项，可以使用语句：

　　　List1.RemoveItem 0

（3）Clear

该方法用于清除列表框中所有项目，其语法形式如下：

　　　对象名.Clear

例如，要清除列表框 List1 中所有项目可以使用语句：

　　　List1.Clear

例 5.7　窗体上有 1 个文本框、1 个列表框和 2 个命令按钮，列表框中是一组课程名，如

图 5.9 所示。在文本框中输入一个课程名,单击"添加"按钮则将该课程名添加到列表框中;在列表框中选择一项,单击"删除"按钮则将该项从列表框删除并显示到文本框中。

程序代码如下:

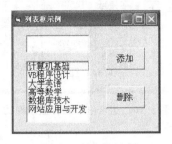

图 5.9 列表框示例

```
Private Sub Form_Load()
    List1. Clear                          '先清空列表框,然后添加下面的 6 项
    List1. AddItem "计算机基础"
    List1. AddItem "VB 程序设计"
    List1. AddItem "大学英语"
    List1. AddItem "高等数学"
    List1. AddItem "数据库技术"
    List1. AddItem "网站应用与开发"
End Sub
Private Sub Command1_Click()             '"添加"按钮的事件过程
    List1. AddItem Text1. Text           '将文本框内容添加到列表框中
    Text1. Text = ""
End Sub
Private Sub Command2_Click()             '"删除"按钮的事件过程
    Text1. Text = List1. Text            '先将选中列表项的文本放入文本框
    List1. RemoveItem List1. ListIndex   '删除选中列表项
End Sub
```

5.4.2 组合框

组合框(ComboBox)是一种同时具有文本框和列表框特性的控件。组合框可看作是由文本框和列表框两部分构成,可以在文本框部分输入内容,也可以在列表框部分选择项目,选中的项目同时在文本框中显示。

组合框和列表框有很多相似之处,其属性、方法和事件与列表框基本相同,在上一节介绍的大多数属性、方法和事件也适用于组合框。需要注意的是,组合框在任何时候最多只能选中一个项目,因此列表框的 Selected 和 MultiSelect 属性在组合框中不可用。

组合框有个重要的属性 Style,其值可以为 0、1 或 2,它决定了组合框的三种不同的显示形式,如图 5.10 所示。

Style = 0(默认):下拉式组合框。仅显示一个列表项,单击其右侧的下拉箭头可以展开下拉列表供选择,被选中的列表项出现在组合框顶端的文本框部分,也可以直接在文本框部

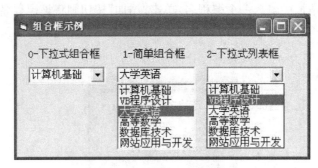

图 5.10　组合框的三种显示形式

分输入内容。

　　Style＝1：简单组合框。显示一个文本框和一个列表框，既可以在文本框中输入内容，也可以在列表框中选择项目。与下拉式组合框不同的是，简单组合框不是以下拉形式显示的。

　　Style＝2：下拉式列表框。其外观和功能与下拉式组合框相似，但只能从下拉列表中选择项目，不能直接输入。

　　例 5.8　窗体上有一个组合框，组合框中是一组大学名称，如图 5.11 所示。在组合框顶部的文本框部分输入一个大学名称后按回车键，若该大学名称在组合框中存在，则从组合框中删除该大学名称；若不存在，则将该大学名称添加到组合框中。

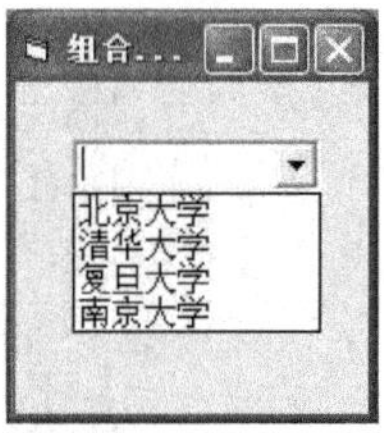

　　程序代码如下：

```
Private Sub Form_Load()              '在组合框中添加 4 个大学名称
    Combo1.AddItem "北京大学"
    Combo1.AddItem "清华大学"
    Combo1.AddItem "复旦大学"
    Combo1.AddItem "南京大学"
End Sub
Private Sub Combo1_KeyPress(KeyAscii As Integer)
    Dim i As Integer, find As Boolean
    If KeyAscii = 13 Then             '如果按了回车键
        For i = 0 To Combo1.ListCount - 1
            If Combo1.Text = Combo1.List(i) Then       '存在该名称,则删除
                Combo1.RemoveItem i
                find = True           '存在该名称,将 find 设为 True
            End If
        Next i
        If find = False Then          '不存在该名称,则添加
            Combo1.AddItem Combo1.Text
        End If
    End If
End Sub
```

图 5.11　运行界面

5.5 控件数组

在应用程序中,经常会用到多个类型相同,功能相似的控件,可以将它们定义成一个控件数组来实现。例如,在设计一个应用程序的界面时需要用到 8 个文本框控件,可以创建一个文本框控件数组,该数组包含 8 个文本框。

5.5.1 控件数组的概念及创建

控件数组由一组具有共同名称和相同类型的控件组成,这些控件具有相同的 Name 属性,并且共享同一个事件过程。例如,一个名为 Text1 的控件数组中包含 8 个文本框控件,这 8 个文本框的 Name 属性都是 Text1,每个文本框可看作控件数组中的一个元素,通过下标(Index 属性值)来区分,下标从 0 开始,可以用如下的语句形式引用控件数组中的某个元素:

控件数组名(下标)

例如,Text1(0)表示 Text1 控件数组中第一个元素,即第一个文本框。同一控件数组中各元素可以有相同的属性设置值,也可以有各自的属性设置值。

一般在设计时创建控件数组,主要有以下两种方法:

1. 创建同名控件

首先在窗体上绘制同一类型的多个控件,并决定哪个控件作为数组中的第一个元素,将其 Name 属性作为控件数组的名称,然后依次将其他各控件的 Name 属性设置成和这个名称相同。

例如,在窗体上绘制 4 个命令按钮,名称分别为 Command1、Command2、Command3、Command4,选择命令按钮 Command1 作为控件数组第一个元素,然后将命令按钮 Command2 的 Name 属性修改为 Command1,会弹出一个如图 5.12 所示的对话框,询问是否确实要创建一个控件数组,选择"是",则该命令按钮被添加到控件数组中。然后用同样的方法对命令按钮 Command3 和 Command4 进行设置,则控件数组创建成功,4 个元素的 Index 属性值分别为 0、1、2、3。

图 5.12 创建控件数组

2. 复制现有控件

首先在窗体上绘制作为控件数组第一个元素的控件,接着复制该控件,然后粘贴到窗体,出现如图 5.12 所示的对话框,选择"是",则控件被添加到数组中。通过多次粘贴,添加多个控件到数组中。可以在属性窗口中看到第一个添加到数组中的控件的 Index 属性值为 0,后面添加的控件的 Index 属性值就在此基础上依次加 1。

5.5.2　控件数组的使用

控件数组中所有控件共享相同的事件过程，因此使用控件数组可以减少事件过程，简化代码的编写。例如，对于上面所创建的包含 4 个命令按钮的控件数组 Command1，单击任一个命令按钮都会触发 Command1 的 Click 事件，执行下面的事件过程：

```
Private Sub Command1_Click(Index As Integer)
    ……
End Sub
```

与我们以前学过的单个命令按钮的单击事件过程相比，控件数组的单击事件过程多了一个 Index 参数，能够接收到被单击的按钮的 Index 属性值，因此在程序中通过判断 Index 参数的值就能确定用户按了哪个按钮，从而可以针对不同的按钮编写相应的处理程序。

例 5.9　窗体上有两组单选按钮，左边的 3 个单选按钮构成控件数组 Option1，右边的 3 个单选按钮构成控件数组 Option2，如图 5.13 所示。单击 Option1 中某个单选按钮，在上面的文本框中显示相应的大学名称，单击 Option2 中某个单选按钮，则把文本框中文字设置为相应的字体。

程序代码如下：

图 5.13　控件数组示例

```
Private Sub Option1_Click(Index As Integer)
    '将被单击的单选按钮的标题显示在文本框中
    Text1.Text = Option1(Index).Caption
End Sub
Private Sub Option2_Click(Index As Integer)
    Select Case Index                '判断单击了哪一个单选按钮
        Case 0
            Text1.FontName = "宋体"
        Case 1
            Text1.FontName = "黑体"
        Case 2
            Text1.FontName = "隶书"
    End Select
End Sub
```

5.6　自定义数据类型

数组能够存放一组性质相同的数据，例如一个班学生的考试成绩、一个系所开的多门课程的课程名等。但若要同时表示学生的一些基本信息，如姓名、性别、年龄、出生日期等多项信息，由于各项信息的性质不同，数据类型也不同，因此难以用数组来存放和表示，Visual Basic 中用自定义数据类型来解决。

自定义数据类型是由若干不同类型、互有联系的数据项组成的，便于整体处理这类数据，特别适合于数据库应用程序，常被称为"记录类型"。

5.6.1　自定义类型的定义

前面所学过的 Integer、String 等数据类型都是基本数据类型,由 Visual Basic 系统提供,可以直接使用。当基本数据类型不能满足需要时,用户可以自己定义新的数据类型。自定义类型必须先通过 Type 语句定义后才能使用,其语法形式如下:

```
Type 自定义类型名
    元素名 1   As 数据类型名
    元素名 2   As 数据类型名
    ……
    元素名 n   As 数据类型名
End Type
```

其中,

自定义类型名:要定义的数据类型的名字,应为合法的标识符。

元素名:表示自定义类型中的一个成员,可以是简单变量,也可以是数组说明符。

数据类型名:既可以是基本数据类型,也可以是已经定义的自定义类型,若为字符串类型,必须是定长字符串。

例如,定义一个有关学生信息的数据类型,用于存放学生的学号、姓名、性别、出生日期,可在标准模块的通用声明段写如下语句:

```
Type Student
    num As Long              '学号
    name As String * 10      '姓名
    sex As String * 1        '性别
    birthday As Date         '出生日期
End Type
```

上述语句默认为 Public,所定义的类型 Student 可以在整个应用程序中使用;若将语句写在窗体模块的通用声明段,必须在前面加 Private,则只能在本窗体模块中使用。

注意:自定义类型不能在过程内定义。

5.6.2　自定义类型的使用

自定义类型定义后,就可以像使用基本数据类型那样使用了。例如,上面的 Student 类型定义之后,可以声明该类型的变量,下面的语句声明了一个 Student 类型的变量 stu:

```
Dim stu As Student
```

注意:Student 是类型名,如同 Integer、String 等类型名,而 stu 是变量名。

对自定义类型变量进行操作时,一般采用"变量名.元素名"的格式来访问它的元素,例如,下面的语句给 stu 变量的各元素赋值然后输出:

```
stu.num = 150102
stu.name = "李林"
stu.sex = "男"
stu.birthday = #1996/5/18#
Print stu.num; stu.name; stu.sex; stu.birthday
```

不仅可以声明 Student 类型的变量,而且可以声明 Student 类型的数组。例如,语句

Dim sd(10) As Student 声明了一个具有 11 个元素的数组，每个数组元素都是 Student 类型，可通过如下语句给数组的第一个元素 sd(0)赋值：

```
sd(0).num = 150101
sd(0).name = "张丽"
sd(0).sex = "女"
sd(0).birthday = #1996/10/25#
```

例 5.10 使用上面定义的自定义数据类型 Student，声明一个该类型的数组，用于输入不超过 10 个学生的信息，并能显示所有学生的信息。运行效果如图 5.14 所示，在左边输入学生的学号、姓名等信息，单击"输入"按钮将学生信息输入到数组中，单击"显示"按钮在右边的图片框中显示所有学生信息，单击"清除"按钮将图片框清空。

图 5.14　自定义数据类型示例

窗体模块中的程序代码如下：

```
Option Base 1
Private Type Student              '定义自定义类型
    num As Long
    name As String * 4
    sex As String * 1
    birthday As Date
End Type
Dim sd(10) As Student            '声明一个数组用于存放学生信息
Dim n As Integer                 '学生人数
Private Sub Command1_Click()
    If n = 10 Then
        MsgBox ("已经添加 10 个学生，不能再添加了!")
        Exit Sub
    End If
    n = n + 1                     '学生人数加 1，下面给各元素赋值
    sd(n).num = Text1
    sd(n).name = Text2
    sd(n).sex = IIf(Option1.Value, "男", "女")
    sd(n).birthday = Text3
End Sub
Private Sub Command2_Click()
```

```
    Dim i As Integer
    Picture1.Print " 学号   姓名   性别   出生日期"
    For i = 1 To n
        Picture1.Print sd(i).num; sd(i).name; Tab(18); sd(i).sex; _
        Spc(3); sd(i).birthday
    Next i
End Sub
Private Sub Command3_Click()
    Picture1.Cls
End Sub
```

习　题　5

1. 窗体上有一个名称为 Command1 的命令按钮,并有如下程序代码。单击命令按钮,在窗体上输出的内容是什么?

```
Private Sub Command1_Click()
    Dim c%, d%
    c = 10: d = 0
    x = Array(10, 12, 21, 32, 24)
    For i = 0 To 4
        If x(i) > c Then
            d = d + x(i)
            c = x(i)
        Else
            d = d - c
        End If
    Next i
    Print d
End Sub
```

2. 用 InputBox 函数输入 10 个数存放于数组中,将这 10 个数在窗体上输出,并统计正数的个数与负数的个数。

3. 随机生成 10 个 100 以内的正整数存放于数组中,找出其中最大的数并删除,删除前的数组显示在第一个文本框中,删除后的数组显示在第二个文本框中。

4. 将一个大小为 15 的一维数组中所有对称位置的两个数对调(第 1 个数与第 15 个数对调,第 2 个数与第 14 个数对调,第 3 个数与第 13 个数对调……)。

5. 生成一个一维数组显示在第一个文本框中,对该数组按从大到小排序,排序后的结果显示在第二个文本框中。

6. 随机生成一个 5 行 5 列的二维数组显示在图片框中,分别计算数组每一行的和与每一列的和,显示在文本框中,程序运行效果如图 5.15 所示。

图 5.15 计算数组各行和与各列和

7. 生成一个 5×5 的矩阵显示在左边文本框中,对矩阵进行转置后显示在右边文本框中,程序运行效果如图 5.16 所示。

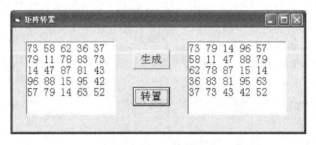

图 5.16 矩阵转置

8. 在窗体上打印如图 5.17 所示的杨辉三角,打印行数可以任意指定。

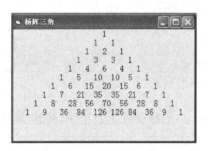

图 5.17 杨辉三角

9. 随机生成 20 个 100 以内的正整数显示在列表框中,然后将小于 60 的数从列表框中删除。

10. 创建一个文本框控件数组(包含 10 个文本框),每个文本框输入一个数,求它们的平均值。

第6章 过　程

Visual Basic 应用程序按功能可以划分为多个模块,每个模块又可以分为多个相对独立的程序段,这些程序段称为过程。使用过程可以实现模块化的设计思想,有利于程序代码的共享,而且可以大大简化程序设计任务。Visual Basic 中的过程主要分为事件过程和通用过程。事件过程在第一章已经做了详细介绍,本章重点介绍通用过程。

在设计程序时,常会遇到完成一定功能的程序段在程序中重复出现多次,这些重复的程序段语句代码相同,仅仅是处理的数据不同而已。若将这些程序段分离出来,设计成一个具有一定功能的独立程序段,这个程序段就称为通用过程。

通用过程又称为自定义过程,需要由用户自己定义。通用过程主要包括 Sub 子过程和 Function 函数过程,Sub 子过程不返回值,而 Function 函数过程返回一个值,这两种过程都需要被调用才能执行。

引例　求 1! ＋2! ＋3! ＋ …… ＋10!

这是一个求累加和的问题,每一个累加项是一个阶乘,因此可以用一个二重循环来解决。现在我们换个角度考虑这个问题,联系我们前面学过的求 $1+2+3+$ …… $+10$ 的方法,先求 $\sqrt{1}+\sqrt{2}+\sqrt{3}+$ …… $+\sqrt{10}$,实现程序如下:

```
Private Sub Command1_Click()
    Dim s As Double, i As Integer
    For i = 1 To 10
        s = s + Sqr(i)
    Next i
End Sub
```

程序中,Sqr 函数是 Visual Basic 的内部函数,不需要我们定义,可以直接使用。引例中的问题可以采用类似的方法解决,若 Visual Basic 可以提供一个求阶乘值的内部函数,那么这个问题将迎刃而解。但 Visual Basic 并没有提供求阶乘值的内部函数,需要由用户自己定义这样一个函数,也就是本章中将要介绍的 Function 函数过程。下面的程序定义了一个名为 Fact 的 Function 函数过程(用于求阶乘值),并在事件过程 Command1_Click 中调用了 Fact 过程,从而解决了引例中的问题。

```
Private Sub Command1_Click()
    Dim s As Long, i As Integer
    For i = 1 To 10
        s = s + Fact(i)                    '调用 Fact 函数过程
    Next i
End Sub
'定义求阶乘值的函数过程
Private Function Fact(n As Integer) As Long
```

```
            Dim i As Integer，f As Long
            f = 1
            For i = 1 To n
                f = f * i
            Next i
            Fact = f
        End Function
```

6.1　Sub 子过程

6.1.1　Sub 子过程的定义

Sub 子过程的结构与前面学过的事件过程类似，其语法格式如下：

```
［Private｜Public］［Static］Sub 子过程名（［参数列表］）
    ［语句块］
    ［Exit Sub］
    ［语句块］
End Sub
```

说明：

（1）Sub 子过程以 Sub 语句开头，结束于 End Sub 语句。在 Sub 和 End Sub 之间是描述过程操作的语句块，称为过程体或子程序体。

（2）［Private｜Public］为可选关键字。Private 表示该过程为模块级（私有的）过程，只能被该过程所在模块中的其他过程调用。Public 表示该过程为全局级（公有的）过程，可在该应用程序的任何模块中被调用。若缺省（省略）该关键字，则系统默认为 Public。

（3）［Static］为可选关键字。如果使用该关键字，则过程中的局部变量都为静态变量。（关于静态变量将在 6.4 节介绍）

（4）子过程名的命名规则与变量名相同，同一模块中的过程名必须唯一，且不能与模块级变量同名。

（5）参数列表中出现的参数称为形式参数（简称形参），它可以是变量名或数组名。若有多个参数，各参数之间用逗号分隔；也可以没有参数，但一对圆括号不可省略。形参的语法格式如下：

［Optional］［ByVal｜ByRef］变量名［（　）］［As 数据类型］

其中：

① Optional 是可选项，若使用则表示参数是可选参数，若缺省则参数是必选参数。可选参数必须放在所有的必选参数的后面，在调用过程时，可选参数可以没有实在参数与它结合。

② ［ByVal｜ByRef］表示参数的传递方式。ByVal 表示形参是按值传递参数，ByRef 表示形参是按地址传递参数，若形参前缺省 ByVal 和 ByRef 关键字，则为按地址传递。关于这两种传递方式将在 6.3 节详细介绍。

③ 变量名为合法的变量名或数组名。若变量名后无括号，则表示该形参是普通变量，

否则为数组。

④ As 数据类型：该选项用来说明形参的数据类型，若缺省，则该形参为变体型。

（6）过程体由合法的语句组成，过程体中可以包含 Exit Sub 语句，当程序执行到此语句时则退出该过程，返回到调用该过程语句的下一条语句。

Sub 子过程的创建可以在窗体模块中进行，也可以在标准模块中进行。创建的方法有以下两种：

① 直接在"代码编辑器"窗口中输入。在所有过程之外，输入过程的第一行（例如Public Sub Swap()）之后按下回车键，则会自动在其下方增加"End Sub"这一行语句，然后在这两行之间输入过程体语句即可。"代码编辑器"窗口如图 6.1 所示。

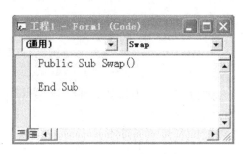

图 6.1 "代码编辑器"窗口

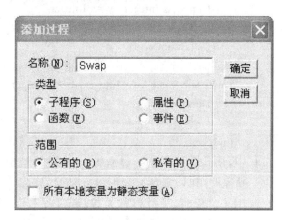

图 6.2 "添加过程"对话框

② 打开"代码编辑器"窗口，从"工具"菜单中选择"添加过程"命令，打开"添加过程"对话框，如图 6.2 所示。在"名称"文本框中输入过程名（假设输入 Swap），在"类型"选项中选择要创建的过程的类型，这里选择"子过程"，在"范围"选项中选择"公有的"（Public）或者"私有的"（Private）。最后单击"确定"按钮，则创建了一个名为 Swap 的 Sub 子过程。

在编写应用程序时，经常需要用到交换两个变量的值，为此可以定义一个子过程，用于交换两个变量的值。下面的程序定义了一个名为 Swap 的 Sub 子过程，用于交换两个整型变量的值。

```
Public Sub Swap(a As Integer，b As Integer)
    Dim t As Integer
    t = a：a = b：b = t
End Sub
```

该子过程定义好后，当需要交换两个变量值时，就可以使用它，即调用该子过程。

6.1.2 Sub 子过程的调用

Sub 子过程和 Function 函数过程必须在事件过程或其他过程中显式调用，否则过程代码永远不会被执行。

调用 Sub 子过程有如下两种形式：

形式一：Call 子过程名（［实参列表］）

形式二：子过程名 ［实参列表］

说明：

（1）形式一用 Call 关键字，实参列表必须用括号括起来（若没有参数可省略括号）；形式二实参列表不能用括号括起来，且子过程名与实参列表之间要有空格。

（2）实参列表中的参数称为实际参数（简称实参），实参的个数、类型和顺序应与被调用过程的形参相匹配。若有多个参数，各参数之间用逗号分隔。调用子过程时，实参与被调过程中相对应的形参结合。

例如，下面的程序定义了一个名为 Swap 的子过程，用于交换两个整型变量的值，并在 Command1_Click 事件过程中调用了该子过程，实现了两个变量值的交换。

```
Private Sub Command1_Click()
    Dim x As Integer，y As Integer
    x = 10；y = 20
    Call Swap(x, y)                    '语句 1
End Sub
Public Sub Swap(a As Integer，b As Integer)
    Dim t As Integer
    t = a：a = b：b = t
End Sub
```

其中，语句 1 调用了子过程 Swap，用的是形式一；若以形式二来调用，则应写成 Swap x，y。过程调用时，实参 x 与形参 a 结合，实参 y 与形参 b 结合。

调用子过程时，子过程称为"被调过程"，而调用该子过程的过程称为"主调过程"。主调过程调用子过程的示意图如图 6.3 所示，程序首先从主调过程的第一条语句开始往下执行，当执行到"调用子过程A"的语句时，程序则转到子过程 A 的入口处开始执行，从子过程 A 的第一条语句一直执行到最后一条语句，执行完子过程 A 后，返回至主调过程的调用语句处继续执行其后的内容，直至主调过程执行完毕。

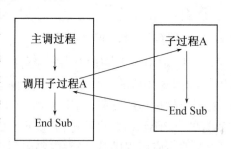

图 6.3　过程调用示意图

例 6.1　定义一个子过程用于对一个字符串进行反序（如"abcd"反序的结果为"dcba"）。在窗体上第一个文本框中输入一个字符串，单击"反序"按钮，调用子过程，并将反序的结果显示在第二个文本框中，运行界面如图 6.4 所示。

图 6.4　运行界面

程序代码如下：

```
Private Sub Command1_Click()
    Dim s As String
    s = Text1.Text
    Call rever(s)                    '调用子过程
    Text2.Text = s
End Sub
```

```
Private Sub rever(s As String)
    Dim rs As String, i As Integer
    For i = 1 To Len(s)
        rs = Mid(s, i, 1) + rs      '反向连接每个字符
    Next i
    s = rs
End Sub
```

程序中定义了一个名为 rever 的子过程,形参 s 为一个字符型变量,过程体中利用循环实现反序,并将反序结果赋值给形参。在 Command1_Click 事件过程中调用了子过程 rever,实参 s 与形参 s 结合(实参与形参可同名),过程调用后实参 s 中就是反序的结果。

6.2 Function 函数过程

与 Sub 子过程不同的是,Function 函数过程可以通过过程名返回一个值。Function 函数过程的调用方式和 Visual Basic 的内部函数(如 Sqr、Int、Sin 等)相同,因此 Function 函数过程又称为 Function 函数或函数过程。

6.2.1 Function 函数过程的定义

Function 函数过程的定义与 Sub 子过程的定义类似,但不同的是 Function 函数过程的定义中需要有返回函数值的语句,其语法格式为:

［Private|Public］［Static］Function 函数过程名(［形参列表])［As 数据类型］
    ［语句块］
    ［函数过程名＝表达式］
    ［Exit Function］
    ［语句块］
    ［函数过程名＝表达式］
End Function

说明:

(1) Function 函数过程以 Function 语句开头,结束于 End Function 语句。中间是描述过程操作的语句,称为过程体或函数体。语法格式中的 Private、Public、Static 以及形参列表的含义与定义 Sub 子过程时相同。

(2) 函数过程名的命名规则和 Sub 子过程名的命名规则相同。"函数过程名＝表达式"是通过赋值语句给函数过程名赋值,该值将作为函数过程的返回值。在函数过程体内,可以像使用简单变量一样使用函数过程名。

(3) As 数据类型:函数过程要由过程名返回一个值,"As 数据类型"选项指定了该返回值的数据类型,即函数过程名的数据类型,若缺省则为变体型。

(4) 函数过程体中可以包含 Exit Function 语句,当程序执行到此语句时则退出该函数过程,返回到调用处。

创建函数过程的方法和 Sub 子过程相似,一种方法是直接在"代码编辑器"窗口中输入代码,另一种方法是在"添加过程"对话框中设置相应选项进行创建。

本章开头的引例中定义了一个名为 Fact 的函数过程,用于求一个正整数的阶乘值,代码如下:

```
Private Function Fact(n As Integer) As Long
    Dim i As Integer, f As Long
    f = 1
    For i = 1 To n
        f = f * i                '进行累乘运算
    Next i
    Fact = f                     '将阶乘值赋值给函数过程名
End Function
```

考虑到所求出的阶乘值可能比较大,因此选择长整型作为函数过程名 Fact 的数据类型。语句"Fact = f"不可少,它实现了将所求出的阶乘值作为函数过程的返回值返回到调用处。

在本例的函数过程体中也可以直接将函数过程名 Fact 当作变量参与运算,修改后的程序代码如下:

```
Private Function Fact(n As Integer) As Long
    Dim i As Integer
    Fact = 1
    For i = 1 To n
        Fact = Fact * i
    Next i
End Function
```

6.2.2　Function 函数过程的调用

调用 Function 函数过程的方法与调用 Visual Basic 的内部函数(如 Sqr、Int 等)一样,即在表达式中写出函数过程名和相应的实参,实参要用一对括号括起来。

本章开头的引例中,单击命令按钮 Command1 求 1! ＋2! ＋3! ＋ …… ＋10!,则可以通过在 Command1_Click 事件过程中调用 Fact 函数过程实现。程序代码如下:

```
Private Sub Command1_Click()
    Dim s As Long, i As Integer
    For i = 1 To 10
        s = s + Fact(i)              '调用 Fact 函数过程
    Next i
End Sub
```

语句"s = s + Fact (i)"调用了 Fact 函数过程,每当执行到该语句,就会转到 Fact 函数过程中去执行,被调函数过程执行完后带着返回值返回到主调过程中调用语句处,返回值参与运算,然后继续执行主调过程中后面的语句。当主调过程执行完毕,变量 s 的值即为所求的结果。

例 6.2 编写程序求两个正整数的最大公约数,运行界面如图 6.5 所示。在两个文本框中分别输入两个正整数,单击"计算"按钮,则求出最大公约数显示在第三个文本框中。要求编写一个函数过程用于求两个正整数的最大公约数,单击"计算"按钮时调用该过程。

图 6.5　运行界面

程序代码如下：

```
Private Sub Command1_Click()
    Dim m As Integer，n As Integer
    m = Text1.Text
    n = Text2.Text
    Text3.Text = Gcd(m，n)          '调用函数过程
End Sub
Function Gcd(ByVal a As Integer，ByVal b As Integer) As Integer
    Dim r As Integer
    Do                             '辗转相除法求最大公约数
        r = a Mod b
        a = b
        b = r
    Loop Until r = 0
    Gcd = a                        '最大公约数赋值给函数过程名
End Function
```

程序中定义了一个名为 Gcd 的函数过程，用辗转相除法求两个正整数的最大公约数，并在 Command1_Click 事件过程中进行了调用。

例 6.3　编写程序找出 100～200 范围内的所有素数，运行界面如图 6.6 所示。单击"找素数"按钮，则将该范围内的所有素数显示在列表框中。要求编写一个函数过程用于判断一个正整数是否为素数，单击"找素数"按钮时调用该过程。

图 6.6　运行界面

分析：判断一个数是否为素数，判断结果只有两种可能：是素数或不是素数。因此可以将函数过程的返回值定义成逻辑型（Boolean）。函数过程若返回 True 表示是素数，若返回 False 表示不是素数。程序代码如下：

```
Private Sub Command1_Click()
    Dim i As Integer
    For i = 100 To 200
        If Prime(i) Then List1.AddItem i          '若是素数则添加到列表框
```

```
            Next i
        End Sub
        Function Prime(n As Integer) As Boolean
            Dim i As Integer
            For i = 2 To n－1
                If n Mod i = 0 Then
                    Prime = False              ' 能整除说明不是素数
                    Exit For
                End If
            Next i
            If i = n Then Prime = True         ' 所有数都不能整除说明是素数
        End Function
```

在 Command1_Click 事件过程中,语句"If Prime(i) Then List1.AddItem i"调用了函数过程 Prime,"If Prime(i)"等价于"If Prime(i) = True",如果 i 是素数则添加到列表框。可以对 Prime 函数过程的定义做一些修改,使得程序更加精炼,修改后的过程定义语句如下:

```
        Function Prime(n As Integer) As Boolean
            Dimi As Integer
            For i = 2 To n－1
                If n Mod i = 0 Then Exit Function
            Next i
            Prime = True
        End Function
```

对上面的程序分析可知,当 n Mod i = 0 成立时,可得出 n 不是素数的结论,此时执行 Exit Function,将跳过过程体中剩下的语句去执行 End Function,过程调用结束,返回主调过程,由于过程名 Prime 没有被赋值,因此它的值是逻辑型变量的初始值 False,因此 Prime 过程返回值为 False;当 n 是素数时,n Mod i = 0 不可能成立,Exit Function 语句不可能被执行到,循环正常结束后执行语句"Prime = True",因此 Prime 过程返回值为 True。

6.3 参数的传递

6.3.1 形参和实参

形参是在过程定义中出现的变量名或数组名,实参是在调用过程时传递给被调过程的常量、变量、表达式或数组。在调用一个有参数的过程时,首先把实参传递给形参,完成实参与形参的结合。在例 6.2 中,当程序执行到语句"Text3.Text = Gcd(m, n)"时,实参 m 和 n 将分别传递给 Gcd 过程中相对应的形参 a 和 b,实参与形参的结合关系如下:

过程调用:Text3.Text = Gcd (m, n)

过程定义:Function Gcd (ByVal a As Integer, ByVal b As Integer) As Integer
在实参与形参结合时,实参与对应形参的名字不必相同,但要求实参个数与形参个数相同（不考虑可选参数），并且实参与对应位置上的形参数据类型相匹配。

　　若形参为变量名，对应的实参不仅可以是变量，也可以是常量、表达式或数组元素；若形参为数组名，对应的实参只能是数组名。

　　例如，有如下过程定义和调用语句：

```
Private Sub tsub(x As Integer，y As Integer，arr( ) As Integer，ch As String)
    ...
End Sub
Private Sub Form_Click( )
    Dim a(5) As Integer，x As Integer
    Call tsub(a(2)，x +3，a，"ch")
End Sub
```

　　在子过程 tsub 中有四个形参，前两个都是整型变量，第三个是整型数组，第四个是字符串型变量。在事件过程 Form_Click 中，语句"Call tsub(a(2)，x +3，a，"ch")"调用了 tsub 过程，第一个实参是整型数组元素，第二个实参是表达式，第三个实参是整型数组，第四个实参是字符串型常量。

6.3.2　按值传递和按地址传递

　　在调用过程时，实参与形参的结合有两种方式：按值传递和按地址传递。区分的方法是看形参前是否有 ByVal 或 ByRef 关键字，若形参前有 ByVal 则为按值传递，若形参前有 ByRef 或没有这两个关键字则为按地址传递。

1. 按值传递

　　按值传递是指实参将其值传递给形参，实参和形参在内存中有各自的存储单元，传递时将实参的值复制到形参的存储单元中。在这种方式下，被调过程对形参的任何改变仅仅是修改了相应形参存储单元的内容，而不会影响到实参的存储单元，实参的值保持不变。也就是说，在发生过程调用时，不管形参是否发生变化，实参总是保持调用前的值不变。

　　如果希望参数之间按值传递，则需在形参前加上关键字 ByVal。下面为参数按值传递的一个程序示例：

```
Private Sub Command1_Click()
    Dim m As Integer，n As Integer
    m = 10：n = 15
    Call test(m，n)
    Print "m = "；m，"n = "；n
End Sub
Private Sub test(ByVal x As Integer，ByVal y As Integer)
    x = x + 10
    y = x + y
    Print "x = "；x，"y = "；y
End Sub
```

　　过程 test 中的两个整型形参 x 和 y 都定义成了按值传递。单击命令按钮 Command1，当执行到语句"m = 10：n = 15"时，在内存中为变量 m 和 n 分配存储空间，并分别赋值为 10 和 15，如图 6.7 所示。当执行到语句"Call test (m，n)"时发生过程调用，形参 x 和 y 都定义成了按值传递,因此为 x 和 y 分配存储空间,并将实参 m 和 n 的值分别复制给形参 x 和 y,即 x 和 y 的值分别为 10 和 15。在过程 test 中,"x = x + 10"使 x 的值变为 20,"y = x + y"使 y 的值变为 35。形参的存储单元中值的变化并没有影响到实参的存储单元,因此当 test 过程执行完回到主调过程,m 和 n 的值没有变化,还是 10 和 15。程序的输出结果如下:

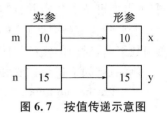

图 6.7　按值传递示意图

```
x = 20        y = 35
m = 10        n = 15
```

2. 按地址传递

按地址传递是将实参的地址传递给形参,使形参和实参具有相同的地址,即形参与对应实参共享同一存储单元。发生过程调用时,若形参的值被改变,则相应实参也将跟着改变,实参始终与形参保持一致。

如果希望参数之间按地址传递,则形参前应缺省修饰词(无 ByVal 和 ByRef)或加上 ByRef。例如,将前面示例程序中的 test 过程定义语句改成:

```
Private Sub test(ByRef x As Integer, y As Integer)
    x = x + 10
    y = x + y
    Print "x = "; x, "y = "; y
End Sub
```

事件过程 Command1_Click 不作任何改动。在调用过程 test 时,由于形参 x 和 y 都定义成了按地址传递,因此实参 m 和 n 分别将各自地址传递给形参 x 和 y,使得 x 和 m 共享同一存储单元,y 和 n 共享同一存储单元,如图 6.8 所示。因此 m 和 x 保持一致,n 和 y 保持一致。在过程 test 中,x 的存储单元(也是 m 的存储单元)中的值被改变为 20,y 的存储单元(也是 n 的存储单元)中的值被改变为 35。当 test 过程执行完回到主调过程,m 和 n 的值分别为 20 和 35,程序的输出结果如下:

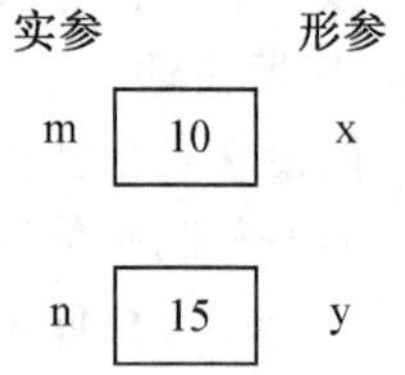

图 6.8　按地址传递示意图

```
x = 20        y = 35
m = 20        n = 35
```

当形参变量定义成按地址传递,要求实参为变量或数组元素且与对应形参数据类型相同。若实参为常量或表达式,Visual Basic 会以按值传递的方式来处理。例如,在 6.1.2 节中若用语句"Call Swap(10, y+5)"来调用 Swap 过程,第一个实参为常量,第二个实参为表达式,因此都是按值传递的。

3. 传递方式的选择

在定义一个有参数的过程时,应该把参数定义成按值传递还是按地址传递呢? 这个问题不能一概而论,首先要分析该过程需要实现的功能以及参数在过程中的作用,是否希望通过形参值的改变让实参值也改变。一般而言,若不希望被调过程修改实参的值,则应选择按值传递方式;若要将被调过程中的结果通过参数返回给主调过程,则应选择按地址传递方式。

对于 6.1.2 节中 Swap 过程的定义,形参 a 和 b 只能定义成按地址传递,这样在调用

Swap 过程时实参 x 和 y 的值才能交换。在例 6.1 的 rever 过程的定义中,形参 s 只能定义成按地址传递,这样才能将字符串反序后的结果传递给实参 s。在例 6.2 的 Gcd 过程的定义中,形参 a 和 b 既可以定义成按值传递,也可以定义成按地址传递,不影响程序的运行结果。

6.3.3 数组参数

定义通用过程时,形参不仅可以是变量名,也可以是后面带一对圆括号的数组名,如 Public Sub sort(a( ) As Integer),这里的形参 a 不再是一个变量,而是一个数组,声明形参数组的语法格式如下:

形参数组名( )〔As 数据类型〕

语法格式中忽略数组维数定义,但圆括号不能省略。"As 数据类型"表示形参数组的数据类型,若省略则为变体型。形参数组只能是按地址传递的参数,对应的实参也必须是数组,且数据类型必须和形参数组的数据类型相同,实参数组名后可以有一对圆括号也可以没有。

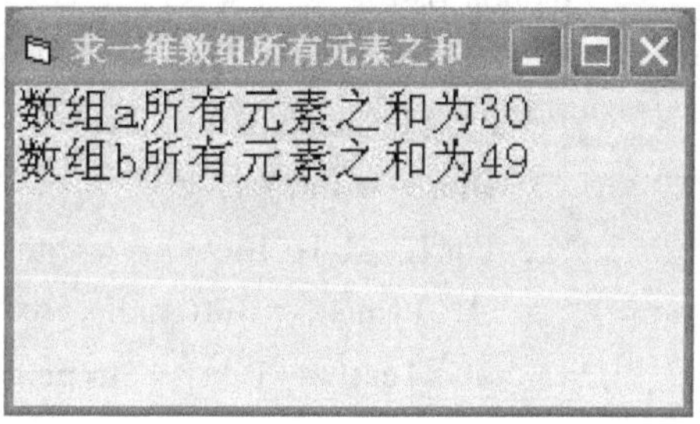

例 6.4 定义一个通用过程用于求一个一维数组的所有元素之和,单击窗体时调用该过程,分别求一维数组 a 和 b 的所有元素之和并在窗体上显示结果,运行界面如图 6.9 所示。

程序代码如下:

图 6.9 运行界面

```
Private Sub Form_Click()
    Dim a(5) As Integer, b(2 To 8) As Integer
    Dim i As Integer, s1 As Integer, s2 As Integer
    For i = 0 To 5
        a(i) = i * 2                    '给数组 a 各元素赋值
    Next i
    For i = 2 To 8
        b(i) = i + 2                    '给数组 b 各元素赋值
    Next i
    s1 = Sarr(a): s2 = Sarr(b)          '调用函数过程
    Print "数组 a 所有元素之和为" & s1
    Print "数组 b 所有元素之和为" & s2
End Sub
Function Sarr(a() As Integer) As Integer
    Dim i As Integer
    '用函数 LBound 和 UBound 确定数组下标的下界和上界
    For i = LBound(a) To UBound(a)
        Sarr = Sarr + a(i)
    Next i
End Function
```

说明:

(1) 由于形参数组没有说明下标的上下界,因此可以使用 UBound 和 LBound 函数来获得上界和下界。

（2）调用 Sarr 过程时，实参数组名后可以有一对圆括号。例如，语句"s1 ＝ Sarr(a)"也可以写成"s1 ＝ Sarr(a())"。

例 6.5 在下面的程序中定义了一个通用过程 sort 用于对一维数组按从小到大排序，并进行了调用，运行界面如图 6.10 所示。单击"生成"按钮给一维数组 num 各元素赋值为 1 到 100 之间的随机整数，并显示到第一个文本框中；单击"排序"按钮调用 sort 过程对 num 数组排序，并将排序后的所有数组元素显示到第二个文本框中。

图 6.10 运行界面

程序代码如下：

```
Option Base 1
Dim num(10) As Integer
Private Sub Command1_Click()
    Dim i As Integer
    For i = 1 To 10
        num(i) = Int(Rnd * 100) + 1          '给数组各元素赋值
        Text1 = Text1 & Str(num(i))
    Next i
End Sub
Private Sub Command2_Click()
    Dim i As Integer
    Call sort(num)                           '调用过程实现排序
    For i = 1 To 10
        Text2 = Text2 & Str(num(i))
    Next i
End Sub
Public Sub sort(a() As Integer)
    Dim i As Integer, j As Integer
    Dim imin As Integer, t As Integer
    '选择法排序
    For i = 1 To UBound(a) - 1
        imin = i
        For j = i + 1 To UBound(a)
            If a(j) < a(imin) Then imin = j
        Next j
        t = a(i): a(i) = a(imin): a(imin) = t
    Next i
End Sub
```

6.3.4 对象参数

通用过程中的参数不仅可以是变量或数组,还可以是 Visual Basic 对象,即窗体和控件可以作为参数来传递。在形参列表中用"As Form"声明的形参为窗体参数,调用该过程时可将窗体作为实参进行传递;用"As Control"声明的形参为控件参数,调用该过程时可将控件作为实参进行传递。

例如,下面的程序定义了一个子过程,形参为窗体,该过程将窗体的宽和高都增大为原来的 2 倍,并将窗体标题设置为"窗体增大"。

```
Sub ExpForm(f As Form)
    f.Width = f.Width * 2
    f.Height = f.Height * 2
    f.Caption = "窗体增大"
End Sub
```

调用该过程时,实参必须为窗体。例如,语句"ExpForm Form1"以窗体 Form1 作为实参调用了该过程。

例 6.6 下面的程序定义了一个通用过程 Swapc 用于交换两个文本框的内容,运行界面如图 6.11 所示,单击"交换"按钮调用该通用过程,实现两个文本框内容的交换。

程序代码如下:

```
Private Sub Command1_Click()
    Swapc Text1, Text2            '调用过程
End Sub
Sub Swapc(a As Control, b As Control)
    Dim t As String
    t = a.Text
    a.Text = b.Text
    b.Text = t
End Sub
```

图 6.11 运行界面

调用 Swapc 过程时,实参必须为控件,本例是以文本框 Text1 和 Text2 作为实参进行了调用。需要注意的是,并不是任何控件都可以作为调用 Swapc 过程的实参,假如有两个标签控件 Label1 和 Label2,要想交换两个标签控件的内容,不能通过语句"Swapc Label1,Label2"来实现,因为标签控件没有 Text 属性。为了防止调用 Swapc 过程时传递的实参不是文本框控件,可以使用 TypeOf 语句来限定控件参数的类型,使用 TypeOf 语句后的 Swapc 过程的定义语句如下:

```
Sub Swapc(a As Control, b As Control)
    Dim t As String
    If TypeOf a Is TextBox And TypeOf b Is TextBox Then
        t = a.Text
        a.Text = b.Text
        b.Text = t
    End If
End Sub
```

6.4　变量的作用域

Visual Basic 应用程序可以由三种模块组成:窗体模块、标准模块和类模块。这些模块通常保存在具有特定扩展名的文件中,窗体模块保存在以.frm 为扩展名的文件中;标准模块保存在以.bas 为扩展名的文件中;类模块保存在以.cls 为扩展名的文件中。窗体模块是 Visual Basic 应用程序的基础,可以包含事件过程、通用过程等;标准模块可以包含通用过程,但不包含事件过程。Visual Basic 应用程序的组成如图 6.12 所示。

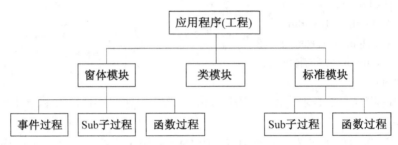

图 6.12　Visual Basic 应用程序的组成

声明变量时可以使用不同的关键字,还可以在不同的模块、过程中声明。变量由于声明的位置不同,可以被访问的范围(即有效范围)也不同,变量的有效范围通常称为变量的作用域。按变量作用域的不同,可以将变量分为局部变量、模块级变量和全局变量。

1. 局部变量

局部变量也称为过程级变量,是在一个过程内用关键字 Dim 或 Static 声明的变量,只能在本过程中使用,别的过程不能访问,局部变量的作用域仅限于声明它的过程内。另外,在过程中未声明而直接使用的变量也是局部变量。不同的过程中可以有同名的局部变量,彼此互不相干,使用局部变量有利于程序的调试。例如,下面的程序中出现的 3 个变量 a、b、c 都是局部变量,它们只可以在事件过程 Form_Click 中使用。

```
Private Sub Form_Click()
    Dim a As Integer，b As String
    a = a + 2
    c = 10
End Sub
```

用关键字 Dim 声明的局部变量,当过程执行时在内存中为其分配存储单元,并进行变量的初始化,当过程结束时,变量的内容自动消失,占用的存储空间被释放,即变量不存在了。当过程再一次执行时,重新为其中的局部变量分配存储空间并初始化。

用关键字 Static 声明的局部变量称为静态变量,在整个程序运行过程中可以保留变量的值。与用关键字 Dim 声明的局部变量不同,静态变量是程序开始运行时创建的变量,过程运行结束时静态变量的存储空间依然保留,每次当过程被调用时,静态变量保持原来的值,系统不对其进行初始化。

例如,有下面的左右两个程序,如果多次单击窗体,两个程序的运行结果是不一样的。

```
Private Sub Form_Click()                    Private Sub Form_Click()
    Dim k As Integer                            Static k As Integer
    k = k + 1                                   k = k + 1
    Print "第" & k & "次单击窗体"                 Print "第" & k & "次单击窗体"
End Sub                                      End Sub
```

运行左边的程序,单击窗体 4 次,运行结果如图 6.13 所示。因为每单击窗体一次,都会重新声明变量 k,并初始化成 0,当 Form_Click 事件过程结束时,变量 k 被释放。运行右边的程序,单击窗体 4 次,运行结果如图 6.14 所示。因为用 Static 声明的变量 k 为静态变量,每次单击窗体时不会重新初始化,而是保留上次过程结束时的值,因此每单击窗体一次,k的值增加 1。

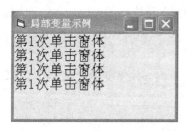

图 6.13　用 Dim 声明的局部变量

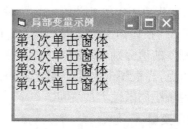

图 6.14　用 Static 声明的静态变量

注意:关键字 Static 只能出现在过程内,静态变量的作用域仅局限于它所在的过程。

2. 模块级变量

模块级变量是在窗体模块或标准模块的通用声明段中(即所有过程之外)用关键字 Dim 或 Private 声明的变量。模块级变量的作用域为其所在的整个模块,可被本模块中所有过程访问,其他模块不能访问。当需要在同一模块的多个过程中使用某个相同的变量时,则可以将该变量声明为模块级变量。

下面是一个窗体模块中的程序代码,其中声明了两个模块级变量 a 和 b,这两个变量既可以在 Command1_Click 事件过程中使用,也可以在 Command2_Click 事件过程中使用。

```
Private a As Integer            '声明模块级变量
Dim b As Integer               '声明模块级变量
Private Sub Command1_Click()
    a = 5: b = 10
End Sub
Private Sub Command2_Click()
    a = a + 10
    b = b * 2
End Sub
```

模块级变量与局部变量声明的位置不同,作用域也不同,可以在过程中声明与模块级变量名称相同的局部变量。例如,下面的程序中出现了两个同名变量,即模块级变量 a 和局部变量 a。

```
Dim a%, b%                     '声明模块级变量
Private Sub Command1_Click()
    Dim a%                     '声明局部变量
```

```
        a = a + 10                    '使用局部变量 a
        b = b + 20
        Print a；b
    End Sub
    Private Sub Command2_Click()
        a = a + 10                    '使用模块级变量 a
        b = b + 20
        Print a；b
    End Sub
```

在事件过程 Command1_Click 中,语句"a = a + 10"使用的是局部变量 a;在事件过程 Command2_Click 中,语句"a = a + 10"使用的是模块级变量 a。运行该程序,单击 Command1 后,在窗体上输出的 a 和 b 的值分别为 10 和 20;单击 Command2 后,在窗体上输出的 a 和 b 的值分别为 10 和 40。

由此可见,当程序中出现不同作用域的同名变量时,不会发生冲突,Visual Basic 会优先访问作用域小局限性大的变量。

3. 全局变量

全局变量是在窗体模块或标准模块的通用声明段中用关键字 Public 声明的变量,其作用域为整个工程,可被应用程序的任何过程访问。全局变量的值在整个程序中始终不会消失和重新初始化,只有当整个程序执行结束才会消失。

假设本应用程序包含 2 个窗体模块和 1 个标准模块,在标准模块 Module1 的通用声明段中有如下变量声明语句:

```
    Public x As Integer               '声明全局变量
```

在窗体模块 Form1 中有如下程序代码:

```
    Public y As Integer               '声明全局变量
    Private Sub Form_Load()
        x = 10；y = 20
        Form2.Show                    '显示窗体 Form2
    End Sub
```

在窗体模块 Form2 中有如下程序代码:

```
    Private Sub Form_Click()
        x = x + 10
        Form1.y = Form1.y + 20        '访问全局变量 y 要加窗体名作为前缀
        Print x；Form1.y
    End Sub
```

在标准模块 Module1 和窗体模块 Form1 中各声明了一个全局变量,它们均可在整个程序中使用。

注意:若要在其他模块中使用窗体模块 Form1 中声明的全局变量,需要在变量名前加上窗体名 Form1 作为前缀。同样的,也可以在过程中声明与全局变量名称相同的局部变量。

6.5　递归过程

在 Visual Basic 中定义过程时，一个过程内不能再定义另外一个过程，但可以调用另外一个过程，也就是主过程可以调用子过程，子过程中还可以调用另外的子过程。不仅如此，子过程还可以调用自己，这样的过程称为递归过程。递归是一种十分有用的程序设计技术，因为很多的数学模型和算法设计方法本来就是递归的，许多看似复杂的问题，使用递归算法来描述就显得非常简洁。

例如，数学中求 n! 可表示为：

$$n! = \begin{cases} 1 & n=0 \text{ 或 } n=1 \\ n*(n-1)! & n>1 \end{cases}$$

利用上式定义一个名为 Fact 的函数过程，用于求 n!。我们在 6.2 节曾定义过一个名为 Fact 的函数过程，用于求 n 的阶乘值，但所用的不是递归算法。按照上面的公式，当 n>1 时，要求 n!，则要先求 (n-1)!，即 Fact(n-1) 的值。也就是说，要在函数过程定义中调用函数过程本身，因此它是一个递归过程。下面的程序给出了该函数过程的定义并在窗体的单击事件过程中调用了该函数过程。

```
Private Function Fact(ByVal n As Integer) As Long
    If n = 0 Or n = 1 Then
        Fact = 1
    Else
        Fact = n * Fact(n - 1)
    End If
End Function
Private Sub Form_Click()
    Print "3! = "; Fact(3)
End Sub
```

运行程序，单击窗体，在 Form_Click 事件过程中，以 Fact(3) 的形式调用 Fact 函数过程。当 Fact 函数开始执行时，首先检测传递过来的参数 n 是否为 1，若为 1，则函数返回值为 1；若不为 1，函数执行语句 Fact = n * Fact(n - 1)。第一次调用 Fact 函数时，Fact(3) 传递给参数 n 的值是 3，则函数计算表达式 3 * Fact(3 - 1) 的值。由于表达式中还有函数调用，因此第二次调用 Fact 函数，即 Fact(2)，传递给参数 n 的值是 2，同样要执行语句 Fact = n * Fact(n - 1)，计算表达式 2 * Fact(2 - 1) 的值。因此，需要第三次调用 Fact 函数，即 Fact(1)，此时参数 n 的值为 1，执行语句 Fact = 1，函数返回值 1 到本次调用点，此调用函数又返回 2 到调用这个调用函数的函数。最后，最初被调用的函数返回 6 到事件过程 Form_Click，在窗体上输出"3! = 6"。整个程序的过程调用和返回如图 6.15 所示。

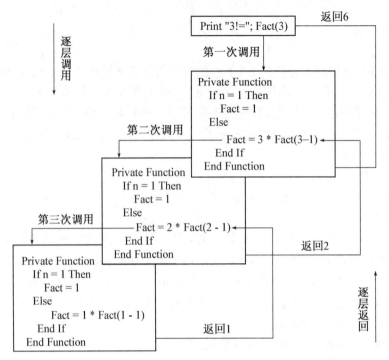

图 6.15　过程的递归调用与返回

从图 6.15 可以看出，一个递归问题可以分为"调用"和"返回"两个阶段。当进入递归调用阶段后，就逐层向下调用递归过程，分别调用 Fact(3)、Fact(2)、Fact(1)，直到遇到递归的结束条件 Fact＝1 为止。执行完 End Function 后进入返回阶段，按照原来的路径逐层返回，首先将 1 返回到上一层的调用语句处，计算 Fact(2)＝2＊1，执行完 End Function 后，再向上返回一层，将 2 返回到调用语句处，计算 Fact(3)＝3＊2，最终将 6 返回到第一次调用语句处。

对于这个例子，用递归算法比用非递归算法简洁易读，可理解性好，但不是每个问题都能用递归算法解决。编写递归过程时要注意，该过程必须有结束递归的条件，也称为边界条件，则这样的递归才是有限递归，才是有意义的。例如，上面例子中递归的结束条件是 Fact＝1。

习　题　6

1. Sub 子过程和 Function 函数过程有什么不同？分别在什么情况下使用？

2. 参数的传递有哪两种方式？举例说明这两种方式的异同以及分别在什么情况下使用。

3. 声明变量有哪些方式？每种方式声明的变量的作用域分别是什么？

4. 编写一个函数过程，用于求 3 个数中的最大数。用 InputBox 输入框输入 3 个数，然后调用该函数过程求出最大数。

5. 编写能计算一个数阶乘值的函数过程，按图 6.16 设计界面，在文本框中输入一个数，单击按钮则计算出这个数的阶乘值显示在下面的标签中。

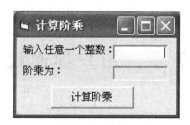

图 6.16 计算阶乘值

6. 编写一个过程用于判断一个三位数是否为水仙花数,调用该过程找出所有的三位水仙花数。

7. 若两个素数之差为 2,则这两个素数就是一对孪生素数。例如,3 和 5、5 和 7、11 和 13 等都是孪生素数。编程找出 1~100 之间所有的孪生素数,要求定义一个能判断一个数是否为素数的过程。

8. 编写一个过程用于找出一个一维数组中的最小值,然后随机生成一个数组,并求出数组中的最小值。

9. 编程实现对一个数组按从小到大排序,要求程序中定义一个过程,能够用冒泡排序法对数组进行排序。

10. 编写一个将十进制数转换为二进制数的过程,并调用该过程。

第 7 章 用户界面设计

用户界面是应用程序的一个重要组成部分,主要负责用户与应用程序之间的交互。对于初学者而言,编写应用程序就是首先设计一个美观、简单、易操作的界面,然后编写各控件的事件过程。因此,界面设计是学习程序设计必须掌握的基本技术之一。

本章将介绍用户界面中常用的菜单、对话框和工具栏等。

7.1 菜单设计

7.1.1 菜单概述

对于绝大多数功能稍复杂的应用程序,除了应用基本控件外,菜单是必不可少的。另外,还可能有工具栏以及使用对话框与用户进行交互等。

图 7.1 所示的是 Windows 应用程序画图的菜单系统。从图中可以看到,Windows 应用程序界面中的菜单主要由以下元素组成:

- 菜单栏(主菜单):菜单栏总是位于窗口标题栏的下面,它包括每个菜单的标题,如图 7.1 中的“文件”、“编辑”、“查看”等。
- 菜单项:菜单中的每一个表项称为一个菜单项。菜单项也就是菜单命令。
- 子菜单:子菜单又称级联菜单,凡是带有子菜单的菜单项,都有一个箭头,表明选取本命令,将会出现子菜单。

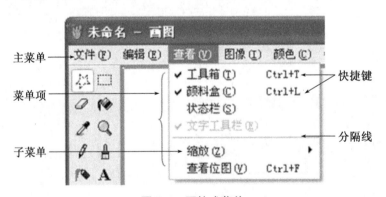

图 7.1 下拉式菜单

在 Visual Basic 中,当操作比较简单时,一般通过控件来执行;当要完成较复杂的操作时,则使用菜单非常方便。Visual Basic 最多可以建立 6 级菜单,菜单既是控件的集合,每一个菜单项就是一个控件。

菜单控件也是一个对象,具有定义外观与行为的属性。菜单控件只包含一个事件,即单击(Click)事件。

Visual Basic 菜单有两种基本类型:下拉式菜单和弹出式菜单。下拉式菜单由一个主菜单和若干个子菜单组成,用户单击主菜单上的菜单项时通常会下拉出相应的子菜单项,如图 7.1 所示;弹出式菜单,也称为快捷菜单,是用户在某个对象上单击鼠标右键时将弹出的与当前操作有关的菜单,它的内容是基于上下文的,因此又称为上下文菜单。

Visual Basic 中所创建的菜单与 Windows 菜单具有一致的外观和功能特性。

7.1.2 菜单编辑器

Visual Basic 系统提供了极为方便的菜单设计工具——菜单编辑器,通过菜单编辑器可以方便地创建窗体上的菜单。进入"菜单编辑器"对话框的方法有以下几种:

(1) 执行"工具"菜单中的"菜单编辑器"命令。

(2) 单击 Visual Basic 窗口工具栏上的"菜单编辑器"按钮。

(3) 直接按 Ctrl+E 组合键。

(4) 在"工程"窗口右击,从弹出的快捷菜单中选择"菜单编辑器"命令。

屏幕上将出现"菜单编辑器"对话框,如图 7.2 所示。对话框分为 3 个部分,即数据区、编辑区和菜单项显示区。

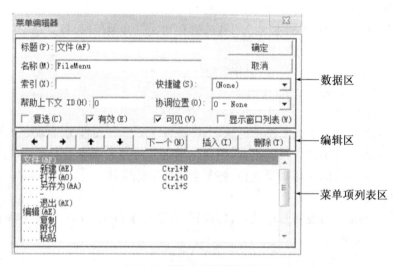

图 7.2 "菜单编辑器"对话框

1. 数据区

数据区为窗口标题栏下的 5 行,用来输入或修改菜单项,设置菜单属性。

(1)"标题"文本框

用来输入菜单标题或菜单命令的名称,即设置 Caption 属性,这些名称将出现在菜单栏或菜单项中。若要将下拉菜单分成若干逻辑组,则需用分隔线隔开。建立菜单分隔线的方法是在标题文本框中输入一个减号"-"。

如果想要通过键盘选择菜单,则需要为菜单项定义热键和快捷键。热键是指菜单项中带有下划线的那些字符。建立热键的方法是在设定为访问键的字母前加"&"符号使其成为热键字母。例如,输入"新建(&N)",则菜单显示"新建(N)",N 为热键。在程序运行时,窗体上显示该字母时会有下划线。同时按 Alt 键和该带有下划线的字母键就可以打开该命令菜单。

快捷键显示在菜单项的右侧。使用快捷键可以不必打开菜单直接执行相应菜单项的操作。要为菜单项指定快捷键，只要打开快捷键下拉式列表框并选择一项，则菜单项标题的右侧会显示快捷键名称。但不能在主菜单上设置快捷键。

（2）"名称"文本框

用来输入一个菜单项对象的名称，即设置 Name 属性，它不会出现在菜单中，在程序代码中用来标识该菜单项。

（3）"索引"文本框

用来指定一个整数数值来确定菜单项对象在菜单控件数组中的位置（索引属性 Index），即设置菜单控件数组元素的下标。

（4）"帮助上下文 ID"文本框

用来指定一个唯一数值作为帮助文本的标识符，以便在帮助文件中利用该数值查找到并显示出对应的帮助主题。

（5）"协调位置"列表框（NegotiatePosition 属性）

决定是否在容器窗体中显示菜单，以及如何显示。

（6）"复选"复选框

选中此项，即设置 Checked 属性为 True，则在初次打开菜单时，该菜单项的左边将显示"√"；若没有标记"√"，表示没有选中。

该属性也常在程序中进行设置，其形式如下：

    菜单项名. Checked = ⟨True | False⟩

（7）"有效"复选框

用来指定菜单项是否有效。选中此选项，即设置 Enabled 属性为 True，当菜单打开时，本菜单命令项将以清晰的文字形式出现，用鼠标单击就可执行该菜单命令；若不选中此项，则该属性为 False，相应的菜单项呈灰色，将不会响应鼠标事件。

（8）"可见"复选框

设置该菜单项是否可见。选中此项，即设置 Visible 属性为 True，该菜单项在菜单中才是可见的；否则不可见。

（9）"显示窗口列表"复选框

在 MDI（多文档界面）应用程序中，确定菜单控件是否包含一个打开的 MDI 子窗体列表，默认值为 False。本属性只对 MDI 窗体和 MDI 子窗体有效，对普通窗体无效。

2. 编辑区

编辑区由 7 个按钮组成：

（1）"←"和"→"按钮

用于改变菜单命令项的级别，以创建子菜单。单击"右箭头"将把选定的菜单向右移一个等级；单击"左箭头"将把选定的菜单向左移一个等级。

（2）"↑"和"↓"按钮

用于移动菜单项在菜单中的位置。单击"上箭头"将把选定的菜单项在同级菜单内向上移动一个位置；单击"下箭头"将把选定的菜单项在同级菜单内向下移动一个位置。

（3）"下一个"按钮

当用户把一个菜单项的各个属性设置完成后，单击此按钮，即可换行开始设置新的菜单项。

（4）"插入"按钮

单击"插入"按钮，将在菜单列表框当前选定行的上方插入一个新的同级空白菜单项。

（5）"删除"按钮

单击"删除"按钮，可从菜单列表框中删除当前选定行。

3. 菜单项列表区

菜单项列表区为菜单编辑器最下面的列表框，该列表框显示菜单项的分级列表。将子菜单项缩进以指出它们的分级位置或等级。

在菜单全部设计完成后，单击"确定"按钮，关闭"菜单编辑器"对话框，窗体上将出现创建的菜单条。当菜单创建好后，还要为每个菜单项编写相应的事件过程代码。

7.1.3　下拉式菜单

菜单是图形界面一个必不可少的组成元素，通过菜单对各种命令按功能进行分组，使用户能够更加方便、直观地访问这些命令。

实际上，我们也可把菜单本身看作是简单的按钮，它有几个属性，其中的大部分比较熟悉，包括快捷键和热键等。其中是必需的。设计一般菜单主要包括下面几个内容：

（1）设计下拉菜单；

（2）设计子菜单或改变子菜单级别；

（3）为菜单项分组；

（4）为菜单项指定访问键和快捷键；

（5）为菜单项加上复选标记；

（6）菜单项的增减（利用控件数组来实现）。

利用菜单编辑器，创建下拉式菜单和弹出式菜单的步骤大致相同，基本步骤如图 7.3 所示。

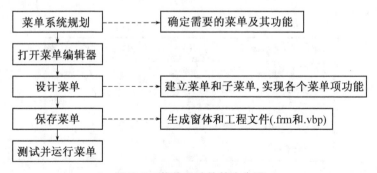

图 7.3　菜单设计的基本步骤

例 7.1　建立下拉式菜单，菜单结构如表 7.1 所示，程序界面如图 7.4 所示。

表 7.1　记事本程序菜单结构及属性设置

标题	名称	快捷键	标题	名称	快捷键
文件(F)	FileMenu		编辑(E)	EditMenu	
…新建(N)	FileNew	Ctrl + N	…复制	EditCopy	
…打开(O)	FileOpen	Ctrl + O	…剪切	EditCut	
…另存为(A)	FileSaveAs	Ctrl + S	…粘贴	EditPaste	
… -	FileSeparate		格式(O)	FormatMenu	
…退出(X)	FileExit		…字体	FormatFont	
帮助(H)	HelpMenu		…颜色	FormatColor	
…关于	HelpAbout				

（1）建立控件

在窗体上放置一个文本框和一个通用对话框，并进行属性设置。

（2）设计菜单

打开菜单编辑器，安装表 7.1 输入菜单项的标题、名称，并选择相应的快捷键。如果菜单项时分隔符，则输入" - "；如果需要热键，则在热键字符之前输入"&"。

（3）编写菜单项的事件过程

菜单建立好后，还需要编写相应的事件过程。主菜单中的菜单项不需要事件过程，因为用户单击后会自动弹出子菜单。

下面给出"新建"、"退出"菜单项的事件过程，"编辑"子菜单中的菜单项事件过程请读者参阅第 2 章自己完成，其余将在本章后面逐步完成。

```
Private Sub FileNew_Click()          '"新建"菜单项的事件过程
    Text1.Text = ""
End Sub
Private Sub FileExit_Click()         '"退出"菜单项的事件过程
    End
End Sub
```

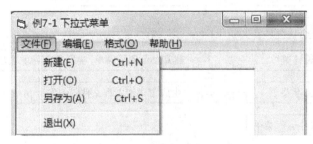

图 7.4　记事本程序菜单界面

7.1.4　弹出式菜单

在程序执行的不同状态下，单击鼠标右键，弹出一个菜单，供用户选择合适的操作命令，如图 7.5 所示。

图 7.5　弹出式菜单

1. 弹出式菜单的设计

与设计下拉式菜单一样,设计弹出式菜单也是使用 Visual Basic 提供的菜单编辑器,不过要注意将顶层菜单设置为不可见,在菜单编辑器内不选中"可见"复选框,即 Visible 属性设置为 False。然后调用 PopupMenu 方法来显示弹出式菜单。

2. 显示弹出式菜单

显示弹出式菜单所使用的方法是 PopupMenu。当使用 PopupMenu 方法时,它忽略 Visible 的设置。PopupMenu 方法的语法为:

　　　[对象.]PopupMenu 菜单名[,Flags,x,y]

说明:

(1)"对象"是可选项,用来指定对象,若省略,则为当前的窗体;

(2)"菜单名"是必选项,为指定的弹出式菜单名;

(3)"Flags"及其他参数是可选项,改变其值可以控制弹出式菜单的表现形式。

例 7.2　建立一个弹出式菜单。请编写适当的事件过程,在程序运行时,当用鼠标右键单击窗体时,弹出菜单,选中一个菜单项后,则按所选菜单标题设置文本框中文本的颜色,如图 7.6 所示。

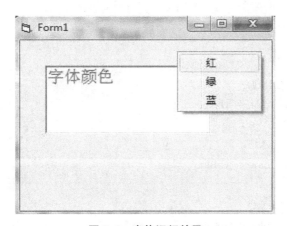

图 7.6　窗体运行效果

(1)新建一个窗体 Form1,添加一个名称为"Text1"的文本框控件及一个弹出式菜单,并设置菜单属性,如表 7.2 所示。

表 7.2　菜单属性

标题	名称	可见性
任意	Color	不可见
…红	R	可见
…绿	G	可见
…蓝	B	可见

设置好的菜单编辑器如图 7.7 所示,图中第一项菜单项的标题可以任意设置为"不可见"。

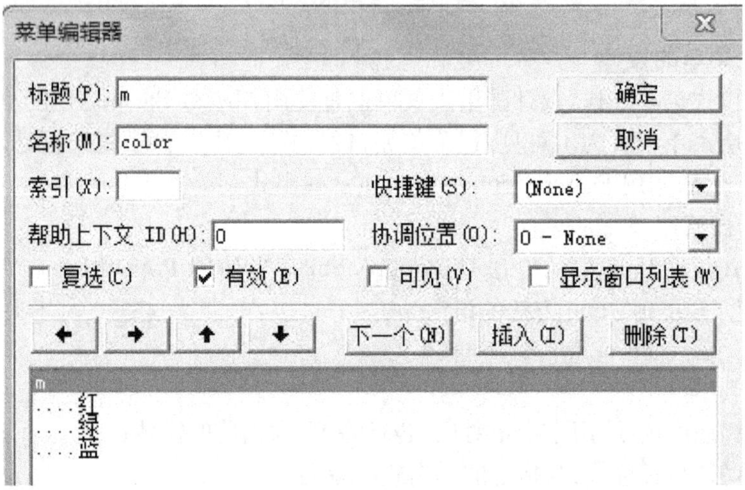

图 7.7　菜单项属性设置

(2) 打开代码编辑器,设置如下代码。

```
Private Sub Form_MouseDown(Button As Integer, Shift As Integer, X As Single, Y As Single)
If Button = 2 Then
    Me. PopupMenu color
End If
End Sub
Private Sub R_Click()
    Text1. ForeColor = vbRed
End Sub
Private Sub B_Click()
    Text1. ForeColor = vbBlue
End Sub
Private Sub G_Click()
    Text1. ForeColor = vbGreen
End Sub
```

这里,Me 表示当前窗体,Button = 2 表示按下鼠标右键,color 为菜单名。

7.2 对话框设计

对话框是用户与应用程序进行交互的重要途径之一,它有两种类型:一是通用对话框,它是 VB 提供的一种 Active 控件,编程时可以直接调用;二是自定义对话框,它是程序设计人员设计的对话框,实质是一种设置了特殊属性的窗体。

7.2.1 通用对话框

通用对话框不是标准控件,而是一种 Active 控件,位于 Microsoft Common Dialog Control 6.0 部件中,用户可以把 Active 控件添加到工具箱中,然后像使用标准控件那样来使用 Active 控件。Active 控件文件是扩展名为.ocx 的独立文件,通常存放在 Windows 的 system 文件夹中。

1. 将通用对话框添加到工具箱中

为了在应用程序中使用通用对话框控件,必须先把 CommonDialog 控件加载到工具箱中。加载步骤如下:

(1) 选择"工程"→"部件"菜单命令,或者右击控件工具箱空白处,在弹出的快捷菜单中选择"部件"命令,调出"部件"对话框,如图 7.8 所示。

(2) 在"控件"选项卡中,选中 CommonDialog 控件左边的复选框,即选中"Microsoft Common Dialog Control 6.0"复选框。

(3) 单击"部件"对话框中的"确定"按钮。此时工具箱就有了 CommonDialog 控件的图标 ,可将其添加到窗体上。

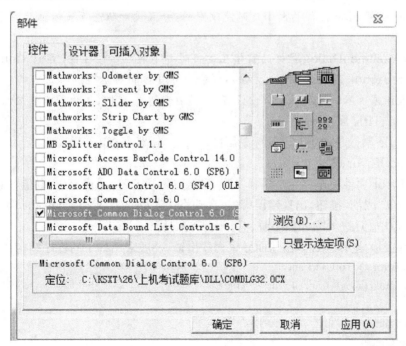

图 7.8 "部件"对话框

2. 通用对话框控件的属性和方法

VB 提供了一组基于 Windows 的通用对话框，用户可以用来在窗体上创建 6 种标准对话框，分别是打开（Open）、另存为（Save As）、颜色（Color）、字体（Font）、打印机（Printer）和帮助（Help）。通过调用 CommonDialog 控件的不同方法可以显示相应的对话框，当然也可以使用 CommonDialog 控件的 Action 属性来显示相应的对话框。通用对话框有下列基本属性和方法。

（1）Action 属性和 Show 方法

Action 属性和 Show 方法都可以打开通用对话框，如表 7.3 所示。

表 7.3 CommonDialog 控件的 Action 属性和 Show 方法

通用对话框的类型	Action 属性	Show 方法
"打开"文件对话框	1	ShowOpen
"另存为"对话框	2	ShowSave
"颜色"对话框	3	ShowColor
"字体"对话框	4	ShowFont
"打印"对话框	5	ShowPrinter
"帮助"对话框	6	ShowHelp

例如，下面的两条语句是等价的：

```
CommonDialog1.Action = 2
CommonDialog1.ShowSave
```

注意：使用通用对话框控件时还要注意以下 3 点：

① CommonDialog 控件的大小是不能改变的，并且设计状态下窗体上只显示一个简单的图标；

② 包含 CommonDialog 控件的窗体在运行时并不能显示该控件（类似 Time 控件），只有调用控件的 Action 属性或 Show 方法后才能打开具体的对话框。

③ Action 属性不能在属性窗口内设置，只能在程序中赋值，用于调出相应的对话框。

（2）DialogTitle 属性

DialogTitle 属性是通用对话框标题属性，可以是任意字符串。

（3）CancelError 属性

CancelError 属性决定在用户选择"取消"按钮后是否产生错误警告，其值的意义如下：

True：按下"取消"按钮，出现错误警告，自动将错误标志为 32755（cdCancel）。

False（默认值）：按下"取消"按钮，不会出现错误警告。

为了避免因为选择"取消"按钮而导致程序出错，一般采用如下的程序结构：

```
On Error GoTo UserCancel
CommonDialog1.CancelError = True
…
Exit Sub
UserCancel：
    MsgBox "没有选择文件！"
```

通用对话框的属性不仅可以在属性窗口中设置,也可以在其属性页对话框中设置。

7.2.2 打开对话框

打开对话框是当 Action 属性为 1 或用 ShowOpen 方法显示的通用对话框,供用户选定所要打开的文件。但这个打开对话框并不能真正打开一个文件,它仅仅提供一个打开文件的用户界面,供用户选定所要打开的文件。打开文件的具体工作还要通过编程来完成。

通用对话框控件的许多属性与其他标准控件的属性一样,如 Name、Left、Top 等,但也有一些自己独特的属性,主要有下列属性。

(1) FileName:文件名称属性,包含路径。它用于返回或设置用户所要打开的文件路径和文件名。该属性是一个字符串,即对话框中的"文件名"。

(2) FileTitle:文件标题属性。该属性与 FileName 属性基本相同,也是用于返回或设置用户所要打开的文件路径和文件名。但 FileTitle 中只有文件名字,没有路径名。它只能在程序运行时设置。

(3) Filter:过滤器属性,用于确定"打开"对话框中,"文件类型"下拉列表框中所显示文件的类型。该属性值是一个字符串,可以由描述文本和过滤条件组成,二者之间使用管道符号"|"隔开,描述文本仅用于列表显示。一般格式如下:

描述文本 1|过滤条件 1|描述文本 2|过滤条件 2……

例如,下面的代码是设计一个过滤器。它包含 4 个过滤选项:允许选择所要文件、某些格式的图形文件、文本文件和 Word 文件,打开对话框如图 7.9 所示。

CommonDialog1.Filter="所有文件(＊.＊)|＊.＊|图形文件(＊.jpg;＊.bmp)|＊.jpg;＊.bmp|文本文件(＊.txt)|＊.txt|Word 文档|＊.doc"

图 7.9 "打开"对话框

(4) FilterIndex:过滤器索引属性,整型,用来指定"文件类型"下拉列表框中第几个作为默认过滤器显示。如果不指定 FilterIndex 属性,第一个过滤器选项即为默认过滤器。过滤器列表项目的索引从 1 开始,如针对上例的过滤器设置代码:

CommonDialog1.FilterIndex=2

则指定图形文件作为默认过滤显示。

(5) InitDir：初始化路径属性，用来指定"打开"对话框中的初始目录，默认为当前目录。

(6) MaxFileSize：用来设置将要被打开的文件名的最大长度。其取值为数值型，范围为 1～32768，默认值为 256。

例 7.3 编写一个应用程序。当单击"浏览图片"按钮，弹出打开文件对话框，从中选择一个 .jpg 图形文件并单击"确定"按钮后，在图形框（PitrureBox）中显示该图片。窗体上有图形框、通用对话框和命令按钮 3 个控件，它们的名称分别为 Picture1、CommonDialog1 和 Command1。

(1) 新建一个窗体 Form1，使用"工程"→"部件"命令加载"Microsoft Common Dialog Control 6.0"部件，工具箱上出现通用对话框控件图标 ▣。

(2) 设计程序界面并设置各控件的属性。通用对话框的属性在其属性页中设置，如图 7.10 所示。

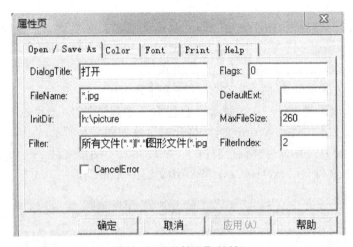

图 7.10 "属性页"对话框

(3) 编写事件过程。

```
Private Sub Command1_Click()
On Error GoTo UserCancel
    CommonDialog1.CancelError = True
    CommonDialog1.FileName = ".jpg"
    CommonDialog1.InitDir = "h:\picture"
    CommonDialog1.Filter = "所有文件(*.*)|*.*|图形文件(*.jpg)|*.jpg|文本文件
(*.txt)|*.txt|Word 文档|*.doc"
    CommonDialog1.FilterIndex = 2
    CommonDialog1.Action = 1
    ' 也可以使用语句:CommonDialog1.ShowOpen
    Picture1.Picture = LoadPicture(CommonDialog1.FileName)
    Exit Sub
UserCancel:
    MsgBox "没有选择文件!"
```

End Sub

7.2.3　另存为对话框

另存为对话框是当 Action 属性为 2 或用 ShowSave 方法显示的通用对话框,供用户指定所要保存文件的路径和文件名。除默认标题不同外,"另存为"对话框在外观上与"打开"对话框相似。

7.2.4　颜色对话框

颜色对话框是当 Action 属性为 3 或用 ShowColor 方法显示的通用对话框,支持从调色板选择颜色,或者生成和选择自定义颜色,如图 7.11 所示。

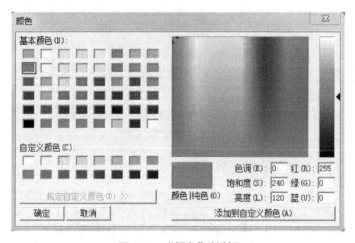

图 7.11　"颜色"对话框

颜色对话框的重要属性是 Color,它返回或设置选定的颜色。

例 7.4　为例 7.1 中的"颜色"菜单项编写事件过程,设置文本框的前景色。

```
Private Sub Formatcolor_Click()
    CommonDialog1.CancelError = True
    CommonDialog1.Action = 3
    Text1.ForeColor = CommonDialog1.Color
End Sub
```

7.2.5　字体对话框

字体对话框是当 Action 属性为 4 或用 ShowFont 方法显示的通用对话框,供用户选择字体,如图 7.12 所示。

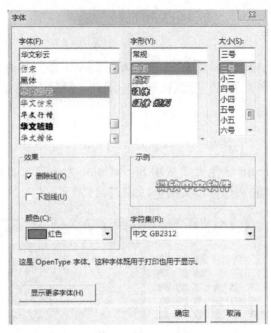

图 7.12 "字体"对话框

字体对话框的主要属性有以下几种。

（1）Flags 属性

在显示字体对话框之前必须设置 Flags 属性为表 7.4 所示的 3 个常数或数值中的一个，如果不设置，将会显示一个信息框，提示"没有安装字体"，并产生一个运行时错误。常数 cdlCFEffects 不能单独使用，应与其他常数一起进行"Or"运算使用。

表 7.4 "字体"对话框 Flags 属性设置值

常数	值（16 进制）	含 义
cdlCFScreenFonts	&H1	显示屏幕字体
cdlCFPrinterFonts	&H2	显示打印机字体
cdlCFBoth	&H3	显示打印机字体和屏幕字体
cdlCFEffects	&H100	在字体对话框显示删除线和下划线复选框以及颜色组合框

（2）Color 属性

设置用户选定的颜色。

（3）FontName、FontSize、FontBold、FontItalic、FontStrikethru 和 FontUnderline 属性

设置字体的名字、大小，字体是否为粗体、斜体，字体是否具有删除线和下划线效果。

例 7.5 为例 7.1 中的"字体"菜单项编写事件过程，设置文本框的字体。

```
Private Sub Formatfont_Click()
    CommonDialog1. CancelError = True
```

```
CommonDialog1.Flags = cdlCFBoth Or cdlCFEffects
CommonDialog1.Action = 4
If CommonDialog1.FontName <> "" Then
    Text1.FontName = CommonDialog1.FontName
End If
Text1.FontSize = CommonDialog1.FontSize
Text1.FontBold = CommonDialog1.FontBold
Text1.FontItalic = CommonDialog1.FontItalic
Text1.FontStrikethru = CommonDialog1.FontStrikethru
Text1.FontUnderline = CommonDialog1.FontUnderline
End Sub
```

7.2.6 打印对话框

打印对话框是当 Action 属性为 5 或用 ShowPrinter 方法显示的通用对话框,用以指定打印输出方式,如图 7.13 所示。

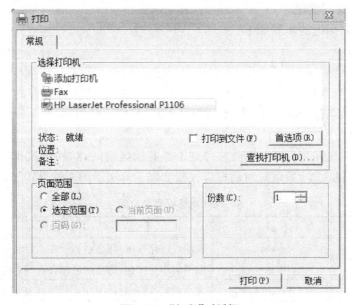

图 7.13 "打印"对话框

打印通用对话框中 Flags 属性的含义是:当 Flags = 0 时,将打印对话框中的"全部"单选按钮设置为默认按钮;当 Flags = 1 时,将"选定范围"单选按钮设置为默认按钮;当 Flags = 2 时,将"页码"单选按钮设置为默认按钮;

需要注意的是,打印对话框并未真正实现打印操作,仅仅是一个供用户选择打印参数的界面,所选参数存于各属性中。如需实现打印功能,应另外编写程序来处理打印操作,"打印"对话框的有关属性如表 7.5 所示。

表7.5 "打印"对话框中的属性

属性	含义
Copies	指定要打印的份数,该属性值是整型值
FromPage、ToPage	指定要打印文档的起始页、终止页。如果要使用这两个属性,必须把 Flags 属性设置为2
Min、Max	用来限制 FromPage 和 ToPage 的范围,Min 指定所允许起始页码,Max 指定所允许的最后页码

7.2.7 自定义对话框

自定义对话框是具有特殊属性的窗体,创建自定义对话框就是先添加一个窗体,然后根据对话框的性质设置属性。

因为自定义对话框是一种窗体,所以带有自定义对话框的应用程序实质上是多重窗体程序(简称多重窗体)。在多重窗体中,每个窗体可以有自己的界面和程序代码,以便完成不同的功能。

1. 创建自定义对话框

创建自定义对话框的步骤如下:

(1) 添加窗体

单击"工程"→"添加窗体"命令,添加一个新的窗体,也可以将一个属于其他工程的窗体添加到当前工程中,这是因为每一个窗体都是以独立的 FRM 文件保存的,但要注意:一个工程中所有窗体的名称(Name 属性)都应该是不同的,即不能重名。

(2) 设置属性

作为对话框的窗体与一般的窗体在外观上是有所区别的,对话框没有最大化和最小化按钮,不能改变它的大小,所以对对话框应该按如表7.6所示的属性设置。

表7.6 对话框属性设置

属性	值	说明
MaxButton	False	取消最大化按钮,防止对话框在运行时被最大化
MinButton	False	取消最小化按钮,防止对话框在运行时被最小化
BorderStyle	3 - FixedDialog	大小固定,防止对话框在运行时被改变大小

(3) 设置启动窗体

启动窗体是指程序开始运行时首先见到的窗体。系统默认的启动窗体是Form1,若要指定其他窗体为开始窗体,应使用"工程"菜单中的"属性"命令设置,如图7.14所示。

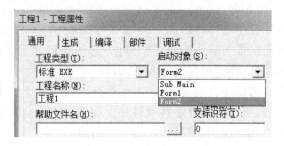

图7.14 "工程|属性"窗口

2. 主要语句和方法

有关窗体的语句和方法如下。

(1) Load 语句

Load 语句是把一个窗体装入内存。执行 Load 语句后,可以引用窗体中的控件及各种

属性,但此时窗体没有显示出来,其形式如下:

　　　　Load　窗体名称

在首次用 Load 语句将窗体调入内存时依次发生 Initialize 和 Load 事件。

（2）Unload 语句

Unload 语句与 Load 语句的功能相反,它从内存中删除指定的窗体,其形式如下:

　　　　Unload　窗体名称

Unload 语句一种常见用法是 Unload Me,其意义是关闭窗体自己。在这里,关键字 Me 代表 Unload Me 语句所在的窗体。

在使用 Unload 语句将窗体从内存中卸载时会发生 Unload 事件。

（3）Show 方法

Show 方法用来显示一个窗体,它兼有加载和显示窗体两种功能。也就是说,在执行 Show 方法时,如果窗体不在内存中,则 Show 方法自动把窗体装入内存,然后再显示出来,其形式如下:

　　　　［窗体名称］.Show［模式］

其中"模式"用来确定窗体的状态,有 VbModeless(0)和 vbModal(1)两个值。

① 若"模式"为 vbModal(1),表示窗体是"模式型"(Modal),用户无法将鼠标移到其他窗口,即只有在关闭该窗体后才能对其他窗体进行操作。

② 若"模式"为 VbModeless(0),表示窗体是"非模式型"(Modeless),可以对其他窗口进行操作。"模式"的默认值为 0。

"窗体名称"缺省时为当前窗体。当窗体成为活动窗口时发生窗体的 Activate 事件。

（4）Hide 方法

Hide 方法用来将窗体暂时隐藏起来,并没有从内存中删除,其形式如下:

　　　　［窗体名称］.Hide

3. 与对话框的数据传递

与对话框的数据传递,即窗体之间的相互通信,常用的有下列 3 种方法。

（1）一个窗体直接访问另一个窗体上的数据

一个窗体可以直接访问另一个窗体上控件的属性,语句形式如下:

　　　　另一个窗体名.控件名.属性

例如,假定当前窗体为 Form1,可以将窗体 Form2 上的 Text1 文本框中的数据直接赋值给 Form1 中的 Text1 文本框,实现的语句如下:

　　　　Text1.Text = Form2.Text1.Text

（2）一个窗体直接访问在另一个窗体中定义的全局变量

在窗体内声明的全局变量其他窗体是可以访问的,语句形式如下:

　　　　另一个窗体名.全局变量名

（3）在模块定义公共变量实现相互访问

为了实现窗体间相互访问,一个有效的方法是在模块中定义公共变量,作为交换数据的场所。例如添加模块 Module1,然后在其中定义变量语句为

　　　　Public x As String

则窗体间数据的访问如图 7.15 所示。

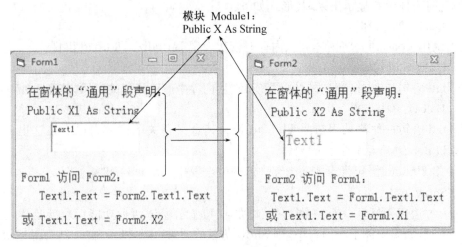

图 7.15　窗体间数据的访问

7.3　工具栏设计

在许多 Windows 应用程序中，工具栏已经成为标准元素。工具栏是包含一组图标按钮的控件，单击各个图标按钮就可以执行相应的操作。一般来说，工具栏中的每一个图标按钮都代表了用户最常用的命令或函数，在下拉式菜单中都有功能一样的菜单项。

制作工具栏的控件是 ToolBar 和 ImageList。它们是 ActiveX 控件，位于"Microsoft Windows Common Control 6.0"部件中。

下面通过一个实例来说明创建工具栏的方法。

例 7.6　为例 7.1 配置一个工具栏。

（1）首先利用"工程"→"部件"菜单命令加载"Microsoft Windows Common Control 6.0"部件，工具箱上出现 ToolBar 和 ImageList 控件图标，而后把 ToolBar 和 ImageList 控件放置到窗体上。

（2）在 ImageList1 属性页的图像选项卡中，通过"插入图片"按钮插入需要的图片，如图 7.16 所示。

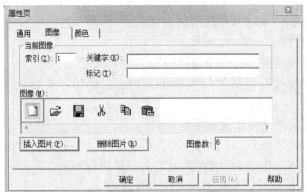

图 7.16　ImageList1 属性页的图像选项卡

（3）在 ToolBar1 属性页的通用选项卡中，在图像列表下拉列表框中选定，ImageList1，如图 7.17 所示，将 ToolBar1 与 ImageList1 绑定起来。绑定后，ImageList1 不可以修改了。

（4）在 ToolBar 属性页的按钮选项卡中，首先插入 6 个按钮，然后将每一个按钮与对应的图像连接起来，如图 7.18 所示。

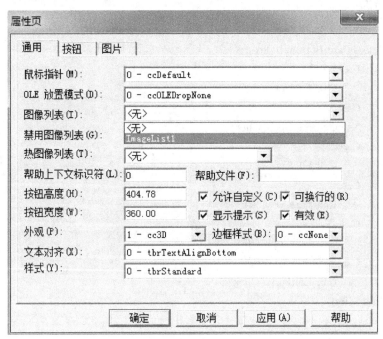

图 7.17　ToolBar1 属性页的通用选项卡

按钮与图像绑定

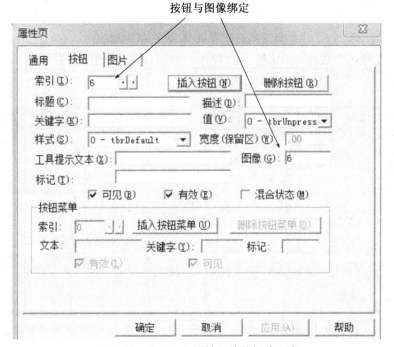

图 7.18　ToolBar1 属性页的按钮选项卡

（5）编写工具栏的事件过程。

工具栏上的按钮被按下时，会触发 ButtonClick 事件。ButtonClick 事件过程中的 Button 参数代表的是被按下的按钮对象，利用其 Index 或 Key 属性就可以判断用户按下了哪个按钮，然后再进行处理。

程序代码如下：

```
Private Sub Toolbar1_ButtonClick(ByVal Button As MSComctlLib. Button)
    Select Case Button. Index
        Case 1
            Call FileNew_Click
        Case 2
            Call FileOpen_Click
        Case 3
            Call FileSaveAs_Click
        Case 4
            Call EditCut_Click
        Case 5
            Call EditCopy_Click
        Case 6
            Call EditPaste_Click
    End Select
End Sub
```

7.4　综合应用

下面通过两个综合应用案例帮助读者掌握本章的有关知识。

例 7.7　设计一个如图 7.19 所示的程序。"统计"和"退出"没有子菜单。当单击"统计"后，统计结果显示在如图 7.20 所示的对话框中。

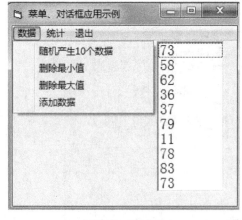

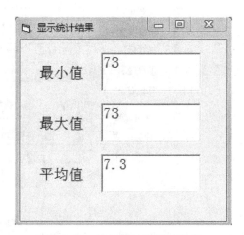

图 7.19　主窗体　　　　　　　　　　图 7.20　显示统计结果对话框

（1）添加模块，在其中定义用于与对话框进行数据交换的全局变量。

```
Public min_value%，max_value%
Public ave_value#
```

（2）主窗体上的事件过程

下面是"统计"事件过程代码，其余的请读者自己完成。

```
Private Sub statistics_Click()
    Dim i%，min%，max%，sum%
    sum = List1.List(0)：min=0：max=0
    For i = 1 To Listl. ListCount - 1
        If List1.List(i) < List1.List(min) Then
            min = i
        End If
        If List1.List(i) > List1.List(max) Then
            max = i
        End If
        sum = sum + List1.List(i)
    Next i
    min_value = List1.List(min)
    max_value = List1.List(max)
    ave_value = sum / List1.ListCount
    Form2.Show
End Sub
```

（3）显示统计结果对话框上的事件过程

```
Private Sub Form_Load()
    Text1.Text = min_value
    Text2.Text = max_value
    Text3.Text = ave_value
End Sub
```

例7.8 多重窗体应用示例。输入学生5门课程的成绩，计算总分及平均分并显示。

本例有3个窗体 Form1、Form2 和 Form3，分别作为本应用程序的主窗体、输入成绩窗体和输出成绩窗体。另有一个标准模块 Module1，对窗体间共用的全局变量进行了说明。

（1）Form1 窗体：是主窗体，如图 7.21(a)所示，运行后看到的第一个窗体。单击"输入

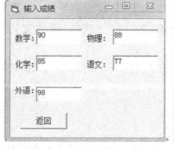

（a）主窗体Form1　　　　（b）输入成绩窗体Form2　　　　（c）显示结果窗体Form3

图7.21 多重窗体应用示例

成绩"按钮显示 Form2,单击"计算成绩"按钮显示 Form3。

（2）Form2 窗体:这是当在主窗体上单击"输入成绩"按钮后弹出的窗体,如图 7.21(b)所示。该窗体上有 5 个用于输入学生成绩的文本框和一个"返回"按钮。

（3）Form3 窗体:这是当在主窗体上单击"计算成绩"按钮后弹出的窗体,如图 7.21(c)所示。该窗体上有 2 个用于显示学生平均成绩和总分的文本框和一个"返回"按钮。

在标准模块存放多窗体间共用的全局变量声明语句为:

```
Public sMath, sPhysics, sChemistry, sChinese, sEnglish As Single
```

对于不同窗体间的显示,可利用 Show 和 Hide 方法,如在当前主窗体要显示输入成绩窗体的事件过程如下:

```
Private Sub Command1_Click()
    Form1. Hide          '隐含主窗体
    Form2. Show          '显示 Form2 窗体
End Sub
```

不同窗体间的数据存取可通过上述介绍的方法实现。在下面的过程中,利用了Activate 事件,这是在窗体成为活动窗口时所发生的事件。

方法一:在标准模块声明全局变量。

```
'在窗体 Form2 的 cmdReturn _Click()用于将输入的数据赋给全局变量
Private Sub cmdReturn_Click()
    sMath = Val(txtMath. Text)
    sPhysics = Val(txtPhysics. Text)
    sChemistry = Val(txtChemistry. Text)
    sChinese = Val(txtChinese. Text)
    sEnglish = Val(txtEnglish. Text)
    Form2. Hide
    Form1. Show
End Sub


'Form3 窗体的 Form_Activate()用于计算总分和平均分并显示
Sub Form_Activate()
    Dim sTotal As Single
    sTotal = sMath + sPhysics + sChemistry + sChinese + sEnglish
    txtAverage. Text = sTotal / 5     '计算平均成绩并送入文本框
    txtTotal. Text = sTotal           '将总分送入文本框
End Sub
```

方法二:直接访问其他窗体上的数据。下面的 Form3 窗体的 Form_Activate()事件过程可以实现同样的效果。

```
Sub Form_Activate()
    Dim sTotal As Single
    With Form2          '将 Form2 中各文本框的数据相加并送给 sTotal 变量
        sTotal = Val(. txtMath. Text) + Val(. txtPhysics. Text) + Val(. txtChemistry. Text)_ + Val
(. txtChinese. Text) + Val(. txtEnglish. Text)
```

```
        End With
        txtAverage.Text = sTotal / 5
        txtTotal.Text = sTotal
    End Sub
```

7.5 鼠标和键盘事件

7.5.1 鼠标事件

所谓鼠标事件是由用户操作鼠标而引发的能被各种对象识别的事件。它是 Visual Basic 编程中最常用到的事件，多数控件都支持鼠标操作。

鼠标事件主要由以下几种：

Click：单击事件，即单击鼠标时发生的事件。

DblClick：双击事件，即双击鼠标时发生的事件。

MouseDown：按下任意一个鼠标按钮时发生的事件。

MouseUp：松开（或释放）任意一个鼠标按钮时发生的事件。

MouseMove：鼠标移动时发生的事件，对某控件的此事件进行编程，则当鼠标移过此控件时就会触发此事件，执行其相应代码。

鼠标事件发生的顺序是：

（1）首先发生的是 MouseMove 事件。当鼠标移动时，将会连续触发 MouseMove 事件；

（2）当鼠标按下时发生 MouseDown 事件；

（3）鼠标松开时发生 MouseUp 事件；

（4）如果按住的是鼠标左键，则 Click 事件在 MouseUp 之后发生。

在程序设计时，需要注意的是，这些事件被什么对象识别，即事件发生在什么对象上。当鼠标指针位于窗体中没有控件的区域时，窗体将识别鼠标事件。当鼠标指针位于某个控件上方时，该控件将识别鼠标事件。

与 MouseDown、MouseUp、MouseMove 这 3 个鼠标事件相对应的鼠标事件过程如下（以 Form 对象为例）：

```
    Sub Form_MouseDown(Button As Integer, Shift As Integer, X As Single, Y As Single)
    Sub Form_MouseMove(Button As Integer, Shift As Integer, X As Single, Y AsSingle)
    Sub Form_MouseUp(Button As Integer, Shift As Integer, X As Single, Y As Single)
```

其中：

（1）Button：被按下或松开了哪个鼠标按钮，其取值只有 3 种，如表 7.7 所示。

表 7.7 Button 参数的取值及其意义

VB 常数	值	意　义
vbLeftButton	1	按下或松开了鼠标左键
vbRightButton	2	按下或松开了鼠标右键
vbMiddleButton	4	按下或松开了鼠标中键

例如,当 Button = 2 或 Button = vbRightButton 时,表示用户按下或松开了鼠标右键。

    If Button = 1 Then Print "按下鼠标左键"

(2) Shift:该参数包含了 Shif、Ctrl 和 Alt 键的状态信息,如表 7.8 所示。

表 7.8　Shift 参数的取值及其意义

VB 常数	值	意　义
	0	未按下任何建
vbShiftMask	1	Shift 键被按下
vbCtrlMask	2	Ctrl 键被按下
vbShiftMask + vbCtrlMask	3	同时按下 Shitf 和 Ctrl 键
vbAltMask	4	Alt 键被按下
vbShiftMask + vbAltMask	5	同时按下 Shitf 和 Alt 键
vbCtrlMask + vbAltMask	6	同时按下 Ctrl 和 Alt 键
vbShiftMask + vbCtrlMask + vbAltMask	7	同时按下 Shitf、Ctrl 和 Alt 键

(3) X,Y 表示鼠标光标的当前位置。这里的 X、Y 不需要给出具体的数值,它随鼠标光标在窗体上的移动而变化。

例 7.9　用两个文本框显示鼠标指针所指的位置。程序运行效果如图 7.22 所示。

MouseMove 事件过程如下:

    Private Sub Form_MouseMove(Button As Integer, Shift As Integer, X As Single, Y As Single)
        Text1.Text = X
        Text2.Text = Y
    End Sub

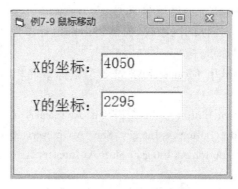

图 7.22　MouseMove 事件

例 7.10　创建一个窗体,上面添加两个文本框 Text1 和 Text2,运行时在窗体上单击鼠标左键,在 Text1 中出现"您单击了鼠标左键";在窗体上单击鼠标右键,在 Text2 中出现"您单击了鼠标右键"。程序运行效果如图 7.23 所示。

MouseDown 事件过程如下:

    Private Sub Form_MouseDown(Button As Integer, Shift As Integer, X As Single, Y As Single)

```
            If Button = 1 Then Text1.Text = "您单击了鼠标左键"
            If Button = 2 Then Text2.Text = "您单击了鼠标右键"
        End Sub
```

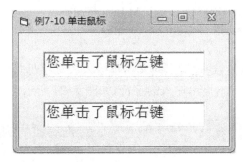

图 7.23　MouseDown 事件

7.5.2　键盘事件

在很多情况下，用户只需使用鼠标就可以操作 Windows 应用了，但是有时也需要用键盘进行操作。尤其是对于接受文本输入的控件，如文本框，需要控制和处理输入的文本，这就更需要对键盘事件进行编程。

在 Visual Basic 中，窗体和接受键盘输入的控件都能识别 3 种键盘事件：KeyPress、KeyDown 和 KeyUp。只有获得焦点的对象才能接受键盘事件。

① KeyPress 事件：用户按下并释放一个会产生 ASCII 码的键时被触发。

② KeyDown 事件：用户按下键盘上任意一个键时被触发。

③ KeyUp 事件：用户释放键盘上任意一个键时被触发。

（1）KeyPress 事件

并不是按下键盘上的人一个键都会引发 KeyPress 事件，它只对会产生 ASCII 码的按键才有反应。可以触发 KeyPress 事件的键盘键有：大小写字母键、数字键、标点符号键、空格键、Esc 键、BackSpace 键、Enter 键、Tab 键等。通常使用 KeyPress 事件过程截取文本框 TextBox 或组合框 ComboBox 控件的键盘输入，它可以立即测试击键的有效性或在字符输入时对其进行格式处理。

能响应 KeyPress 事件的控件有：窗体、复选框、组合框、命令按钮、列表框、图片框、文本框、滚动条及与文件有关的控件。

KeyPress 事件对输入的信息进行合法性检测，口令文本框中只允许输入某些字符，小写转换为大写。

窗体和控件的 KeyPress 事件过程模板如下：

```
    Private Sub Form 或控件名_KeyPress([index As Integer],KeyAscii As_ Integer)
        <语句组>
    End Sub
```

其中参数 KeyAscii 为与按键相对应的 ASCII 码值，参数 KeyAscii 赋值为 0 时，按下键所对应的字符将不会被输入。Index As Integer 形式只用于控件数组。

例如，当键盘处于小写状态时，用户在键盘按下"A"键时，KeyAscii 参数值为 97；当键盘处于大写状态时，用户在键盘按下"A"键时，KeyAscii 参数值为 65。

　　例如，如果希望将文本框中的所有字符都强制转换为大写字符，则可在输入时使用此事件转换大小写，代码如下：

```
Private Sub Text1_KeyPress(KeyAscii As Integer)
    KeyAscii = Asc(UCase(Chr(KeyAscii)))
End Sub
```

　　例 7.11　设计一个窗体，通过键盘向文本框输入大写字母。如果输入的内容不符合要求，则提示错误，且文本框中不显示输入的字符，如图 7.24 所示。

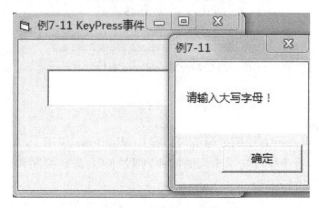

图 7.24　KeyPress 事件

程序代码如下：

```
Private Sub Text1_KeyPress(KeyAscii As Integer)
    If KeyAscii > 90 Or KeyAscii < 65 Then
        MsgBox "请输入大写字母!"
        KeyAscii = 0
    End If
End Sub
```

　　(2) KeyDown 事件和 KeyUp 事件

　　当窗体或控件获得焦点时，按下键盘键时触发窗体或控件的 KeyDown 事件，释放键盘键时触发窗体或控件的 KeyUp 事件。

　　窗体和控件 KeyDown、KeyUp 事件过程模板如下：

```
Private Sub Form 或控件名_KeyDown(KeyCode As Integer，Shift As Integer)
    <语句组>
End Sub
Private Sub Form 或控件名_KeyUp(KeyCode As Integer，Shift As Integer)
    <语句组>
End Sub
```

　　说明：

　　(1) KeyCode

　　参数 KeyCode 表示按下的物理键，以"键"为准，而不是以"字符"为准，返回键盘上物理键位的 ASCII 值。大小字母使用同一个键，KeyCode 相同，返回的是大写字母的 ASCII

值;上挡键字符和下挡键字符使用同一个键,KeyCode 相同,返回的是下挡键字符的 ASCII 值。

例如,按下"A"、"a"则返回的 KeyCode 值均为 65(即 &H41)。

表 7.9 列出部分字符的 KeyCode 和 KeyAscii 码以供区别。

表 7.9 KeyCode 与 KeyAscii 码

键(字符)	KeyCode	KeyAscii
"A"	&H41	&H41
"a"	&H41	&H61
"5"	&H35	&H35
"%"	&H35	&H25
"1"(大键盘上)	&H31	&H31
"1"(数字键盘上)	&H61	&H31

(2) Shift

Shift 是转换键,是个整数,与鼠标事件过程中的 Shift 参数意义相同。

默认情况下,当用户对当前具有控制焦点的控件进行键盘操作时,控件的 KeyPress、KeyDown 和 KeyUp 事件被触发,但是窗体的 KeyPress、KeyDown 和 KeyUp 不会发生。为了启用这 3 个事件,必须将窗体的 KeyPreview 属性设为 True,而默认值为 False。

利用这个特性可以对输入的数据进行验证、限制和修改。例如,如果在窗体的事件过程中将所有的英文字符都改为大写,则窗体上的所有控件接收到的都是大写字符,程序代码如下:

```
Private Sub Form_KeyPress(KeyAscii As Integer)
    If KeyAscii >= Asc("a") And KeyAscii <= Asc("z") Then
        KeyAscii = KeyAscii + Asc("A") - Asc("a")
    End If
End Sub
```

例 7.12 编写一个程序,当按下 Alt + F5 组合键时终止程序的运行。

先把将窗体的 KeyPreview 属性设为 True,在编写如下程序代码:

```
Private Sub Form_KeyDown(KeyCode As Integer, Shift As Integer)
    ' 按下 Alt 键时,Shift 的值为 4
    If (KeyCode = vbKeyF5) And (Shift And vbAltMask) Then
        End                     'F5 键的 KeyCode 码为 vbKeyF5
    End If
    Print "测试键盘事件!"
End Sub
```

习　题　7

一、选择题

1. 若要使菜单项失效（变灰），应该设置菜单项的（　　）属性值为 False。

    A. Visible   B. Enabled   C. Checked   D. Show

2. 以下关于菜单的叙述中，错误的是（　　）。

    A. 在菜单设计中，用 PopupMenu 方法可显示弹出式菜单

    B. 如果把一个菜单项的 Enabled 属性设置为 False，则可删除该菜单项。

    C. 弹出式菜单在菜单编辑器中设计

    D. 利用控件数组可以实现菜单项的增加或减少

3. 在利用菜单编辑器设计菜单时，为了把组合键"Alt + X"设置为"退出（X）"菜单项的访问键，可以将该菜单项的标题设置为（　　）。

    A. 退出（X&）   B. 退出（&X）   C. 退出（X♯）   D. 退出（♯X）

4. Visual Basic 有三个键盘事件：KeyPress、KeyDown 和 KeyUp，若光标在文本框 Text1 中，则每输入一个字母（　　）。

    A. 这三个事件都会发生   B. 只触发 KeyPress 事件

    C. 只触发 KeyDown、KeyUp 事件   D. 三个事件都不触发

5. 以下说法正确的是（　　）。

    A. 当焦点在某个控件上时按下字母键，就会执行该控件的 KeyPress 事件过程

    B. 因为窗体不接受焦点，所以窗体不存在自己的 KeyPress 事件过程

    C. 若按下的键相同，KeyPress 事件过程中的 KeyAscii 参数与 KeyDown 事件过程中的 KeyCode 参数的值也相同

    D. 在 KeyPress 事件过程中，KeyAscii 参数可以缺省

6. 关于 KeyPress 事件，以下说法正确的是（　　）。

    A. 在控件数组的控件上按键盘键，不能触发 KeyPress 事件

    B. 按下键盘上任意键时，都能触发 KeyPress 事件

    C. 按字母键时，拥有焦点的控件的 KeyPress 事件会触发

    D. 窗体没有 KeyPress 事件

7. 在 KeyPress 事件，判断是否按下右键，参数 Button 的值应该是（　　）。

    A. 0   B. 1   C.2   D. 3

8. 向文本框中输入字符时，触发的事件是（　　）。

    A. GotFocus   B. KeyPress   C. Click   D. MouseDown

9. 以下键盘事件的叙述中，错误的是（　　）。

    A. 按下键盘按键既能触发 KeyPress 事件，也能触发 KeyDown 事件

    B. KeyDown、KeyUp 事件过程中，大写和小写字母被视作相同的字符

    C. KeyDown、KeyUp 事件能够识别 Shift、Alt、Ctrl 等键

    D. KeyCode 是 KeyPress 事件的参数

10. 下列事件的事件过程中，参数是输入字符 ASCII 码的是（　　）。

  A. KeyDown 事件　　　　　　　　B. KeyUp 事件

  C. KeyPress 事件　　　　　　　　D. Change 事件

11. 下列不是键盘事件的是(　　)。

  A. KeyUp　　　　　B. KeyPress　　　　C. KeyDown　　　　D. KeyCode

12. 以下叙述中错误的是(　　)。

  A. 在程序运行时,通用对话框控件是不可见的

  B. 调用同一个通用对话框控件的不同方法可以的打开不同的对话框窗口

  C. 调用通用对话框控件的 ShowOpen 方法,能够直接打开在该通用对话框中指定的文件

  D. 调用通用对话框控件的 ShowColor 方法,可以打开颜色对话框窗口

13. 以下关于菜单设计的叙述中错误的是(　　)。

  A. 各菜单项可以构成控件数组

  B. 每个菜单项可以看成是一个控件

  C. 设计菜单时,菜单项的"有效"未选,即表示该菜单项不显示

  D. 菜单项只响应单击事件

14. 以下关于多窗体的叙述中正确的是(　　)。

  A. 任何时刻,只有一个当前窗体

  B. 向一个工程添加多个窗体,存盘后生成一个窗体文件

  C. 打开一个窗体时,其他窗体自动关闭

  D. 只有第一个建立的窗体才是启动窗体

15. 以下关于菜单的叙述中错误的是(　　)。

  A. 对于同一窗体中的菜单,各菜单项的名称必须唯一

  B. 对于同一窗体中的菜单,各菜单项的标题必须唯一

  C. 菜单中各菜单项可以是控件数组元素

  D. 弹出式菜单的编辑、定义在菜单编辑器中进行

二、填空题

1. 菜单一般有_____和_____两种基本类型。

2. 菜单项只响应一个事件,即_____事件。

3. 设计菜单,我们可以使用到的菜单设计工具是_____。

4. 设计菜单时,如果需要加分隔线,可以在标题文本框中输入_____。

5. 窗体能接受的键盘事件有_____、_____和_____。

第8章 数据文件

计算机操作系统是以文件为单位来对数据进行管理的,而在程序设计过程中也是离不开文件这一常重要概念的。所谓文件,一般是指存放在外部存储介质上的一系列相关数据的集合。

对于应用程序来说,变量是程序设计的重要组成部分。但是,变量的值是保存在内存中的,程序关闭或是系统断电都会使变量的值立刻丢失。而磁盘文件是永久存储信息的重要方式。应用程序在工作完成时或工作过程中,应该把处理所得到的变量值输出到磁盘文件中,供本应用程序或其他程序以后使用。

8.1 文件概述

8.1.1 文件的分类

在计算机系统中,文件可以从不同的角度进行分类。比如,按存储介质可分为光盘文件、磁盘文件、磁带文件、打印文件。文件的分类标准主要有下面3种情况:

1. 按文件的内容分类

根据文件的内容,文件可分为程序文件和数据文件两大类。

(1) 程序文件中存放的是可供计算机执行的程序,包括源程序和可执行程序。例如 VB 工程中的窗体文件(.frm)源程序、C++源程序文件(.cpp)、以及扩展名为.com 或.exe 的可执行程序。

(2) 数据文件中存放的是程序运行时所需的数据,或者程序运行时产生的输出结果。例如文本文件(.txt)、Word 文档(.doc)、Excel 工作簿(.xls)等都是数据文件,它们可能是 Windows 中的记事本程序、MS Office 中的 Word、Excel 程序产生的输出结果。

2. 按存储数据编码方式分类

根据文件中数据的编码方式,可分为 ASCII 文件和二进制文件。ASCII 文件存放的是各种数据的 ASCII 码,可以用记事本程序打开;二进制文件存放的是各种数据的二进制代码,不可以用记事本程序打开,必须由专用的程序打开。例如整数 123,若以 ASCII 形式存储,则存储的是这 3 个字符的 ASCII 码,需要 3 个字节,若以二进制形式存储,则一般需要两个字节(C++中需要 4 个字节),如下图所示。

31H	32H	33H

00H	7BH

整数 123 的 ASCII 码存储形式　　　　整数 123 的二进制存储形式

图 8.1　ASCII 文件和二进制文件的数据存储形式

3. 按文件的访问方式和结构分类

在 Visual Basic 中,根据文件的访问方式和结构分类,文件可分为顺序文件、随机文件和二进制文件。

(1) 顺序文件

在 VB 中,顺序文件就是只能按顺序依次进行访问的文本文件(即 ASCII 文件)。顺序文件的本质就是文本文件,因为所有类型的数据写入顺序文件前都会被转换为文本字符。文本文件具有行结构,即顺序文件由一系列的 ASCII 码格式的文本行组成。每行长度是可以变化的,行与行之间以回车符和换行符两个字符作为分隔符,如图 8.2 所示。顺序文件中的每行数据也可称为记录行。

顺序文件的结构和访问方式比较简单,访问顺序文件时只能按顺序存取,即读出时从第一行"顺序"读到最后一行,写入时也一样,不可从文件中间存取某行数据,它采用"先进先出"方式,写入顺序、存放顺序和读出顺序是一致的。顺序文件适用于存储有一定规律且不经常修改的文本数据,在数据量大且只想修改某一行数据时,显然不方便。

顺序文件的优点是结构简单,访问模式简单;缺点是必须按顺序访问,不能同时进行读、写两种操作。

(2) 随机文件

随机文件是由一组具有相同长度的记录组成的集合。文件的记录与记录之间不需要特殊的分隔符号,每个记录都有一个对应的记录号,但记录号并不存储在随机文件中。

每条记录都有其顺序号也就是记录号,用户只要给出记录号,就可直接访问某一特定记录。因此与顺序文件相比,它的优点是存取速度快、更新容易。随机文件打开后,既可以读又可以写,可以按任何次序读写记录,而不必像顺序文件那样按顺序进行。

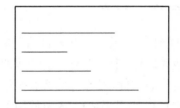

图 8.2　顺序文件的结构

学号	姓名	性别	成绩

图 8.3　随机文件的结构

随机文件中的记录可以由标准数据类型的单一字段(域)组成,或者由用户自定义类型变量所创建的各种各样的多个字段(域)来组成。每个字段的数据类型可以不相同,但长度是固定的,具体示例如图 8.3 所示。随机文件数据以二进制方式存储在文件中。

(3) 二进制文件

从访问模式来说,二进制文件是最原始的文件类型,它直接将数据的二进制码存放在文件中,可以存储任意希望存储的数据。二进制文件由一系列字节组成,没有任何特殊格式,要求以字节为单位按字节数来定位数据位置,允许应用程序在文件的任意位置执行读写操作,也允许程序按所需要的任何方式组织和访问数据。这类文件的灵活性最大,但编程的工作量也最大。

事实上,任何文件都可以用二进制方式访问。二进制文件与随机文件相似,如果把二进制文件中的每一个字节看成一个记录的话,则二进制文件就成了长度为 1 的特殊的随机文件。

8.1.2 文件的访问流程和文件缓冲区

一般来说,程序对数据文件的访问由三个步骤完成,具体步骤如图 8.4 所示。首先打开文件,然后进行读写等操作,最后关闭文件。

打开文件时,系统为文件在内存中开辟了一个专门的数据存储区域,称为文件缓冲区。

要对磁盘上的一个数据文件进行读写操作,必须先在计算机内存中开辟一个"文件缓冲区",以建立必要的输入/输出通道。凡从内存数据区的变量向磁盘输出的数据,都先送到文件缓冲区中暂存,等到文件缓冲区存满之后或关闭文件时才一次性输出到磁盘中去。反之,从磁盘读入的数据,一次读入若干个记录存入文件缓冲区中,然后再从文件缓冲区分批

图 8.4　处理数据文件的流程

提交给内存数据区中的变量。文件读写与文件缓冲区的关系如图 8.5 所示。这样做的目的,是为了减少直接读写磁盘的次数,节省操作时间。

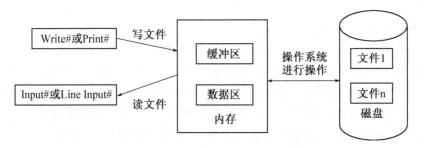

图 8.5　文件读写与文件缓冲区的关系

在 VB 中,用 Open 语句打开一个文件时,就同时建立了一个缓冲区,以供读写该文件用。如果同时打开多个文件,就要建立多个文件缓冲区,一个文件对应一个缓冲区。每一个文件缓冲区都有一个编号,称为文件号。文件号就代表文件,对文件的所有操作都是通过文件号来进行的。文件号由程序员在程序中指定,也可以使用函数(VB 中使用 FreeFile() 函数)自动获取。

下面对 VB 中数据文件读写的三个步骤进一步叙述如下:

(1) 打开(或建立)文件。要读取文件中的数据,首先需要把文件的有关信息加载到内存,使得文件与内存中某个文件缓冲区相关联,这个操作被称为文件的"打开"。只有对"打开"的文件才能进行各种数据的存/取操作,也就是读取或写入数据。

(2) 读或写文件。在文件打开后,就可根据需要对文件进行读或者写操作。"读文件"和"写文件"是文件操作的主要部分。

对于计算机来说,将数据从磁盘文件(存放在外存上)读入到变量(计算机内存)供程序使用,属于"输入"操作,称为"读文件";将数据从变量(计算机内存)写入磁盘文件(存放在外存上),属于"输出"操作,称为"写文件"。

(3) 关闭文件。完成文件的读写后,应及时关闭文件,因为有部分数据仍然在文件缓冲区中,所以不关闭文件会有数据丢失情况发生,尽管大多数情况下操作系统会自动关闭文

件。系统在关闭文件时会将缓冲区中需要保存的数据存储到磁盘文件中,并同时释放相关的缓冲区内存。

由于系统在内存中分配的文件缓冲区的个数是有限的,可以同时打开进行操作的文件个数也是有限的。为了合理利用系统资源,不再使用的文件应及时将其"关闭"。

8.2　访问文件的语句和主要函数

8.2.1　文件指针的概念

当文件被打开后,系统自动生成一个文件指针(隐含的),文件的读或写就从这个指针所指向的位置开始。打开文件的方式不同,文件指针的初始位置也不同。用 Input、Output、Random、Binary 方式打开文件时,文件指针指向文件开始位置;而用 Append 方式打开顺序文件时,文件指针指向文件的末尾。每次读写文件后,文件指针都自动向后移动到下一个读写操作的位置,移动的距离由文件打开语句和文件读写语句的参数决定。在顺序文件中,文件指针移动的长度与它所读写的字符串的长度相同。在随机文件中,文件指针的移动单位是一个记录的长度。在二进制文件中,文件指针的移动单位为字节。在 Visual Basic 中,Seek 语句和 Seek 函数可实现文件指针的定位。关于 Seek 语句及函数的介绍可见下节。

8.2.2　处理文件的语句和函数

VB 提供了许多用于访问和处理文件的语句和函数,其中的大部分语句和函数适用于三种文件访问类型,但也有一些只适用于特定的文件访问类型。

1. 打开文件语句——Open 语句

在对文件进行操作之前,必须用 Open 语句打开或创建一个文件。

Open 语句的功能是为文件的输入/输出分配缓冲区,指定文件的访问模式,定义与文件相关联的文件号,给出随机存取文件的记录长度。

Open 语句的完整语法为:

　　　Open 文件名［For 模式］As［♯］文件号［Len＝记录长度］

说明:

(1) 格式中的 Open、For、As、Len 为关键字。

(2) 文件名:指将要打开的文件的名字,可用字符串或字符型变量表示,并可包括盘符和路径。

(3) 模式:用于说明访问文件的方式,可以是以下参数:

Output:设定为顺序文件的输出模式。

Input:设定为顺序文件的输入模式。

Append:设定为顺序文件的添加模式。与 Output 方式不同,以 Append 方式打开顺序文件时,文件指针定位在文件末尾,写入的数据添加到原来文件的后面。

Random:设定为随机文件的访问模式。

Binary:设定为二进制文件的访问模式。

如果缺省 For 子句,将以随机文件访问模式打开文件。

（4）文件号：这是一个整型表达式，其取值范围在 1～511 范围之间。执行 Open 语句时，义件与分配给定的文件号相关联。文件号实际上就是在内存中分配的缓冲区的编号。

（5）记录长度：这是一个整型表达式，其取值小于 32767。

对于用 For Random 模式打开的随机文件，一般应使用此项设置记录长度。缺省时，随机文件的记录长度默认为 128 字节。对于顺序文件，选用该参数设定缓冲区的大小，如果缺省，则缓冲区大小为 512 字节。Len 子句不适用于二进制访问的文件。

此外，在使用 Open 语句过程中，还有一些注意事项：

（1）如果以 Output、Append、Random 和 Binary 模式打开一个不存在的文件，VB 会创建一个相应的文件。

（2）所有当前使用的文件号必须是唯一的，即当前使用的文件号不能再分配给其他文件。

（3）在 Input、Random 和 Binary 模式下，可以用不同的文件号同时打开同一个文件。但以 Output 和 Append 模式打开的顺序文件在关闭之前不能用不同的文件号重复地打开它。

2. 关闭文件语句——Close 语句

无论是哪种类型文件，对文件操作完毕后，都应该及时关闭以释放占用的系统资源。执行 Close 语句，将结束相应文件的输入/输出操作，并把文件缓冲区中的数据安全写入相应磁盘文件中，同时释放所占用的内存缓冲区及相关文件号。

Close 语句格式如下：

　　Close[[♯]文件号1][,[♯]文件号2],…]

"文件号 n"参数应该是已在 Open 语句中使用的文件号。

这个命令可以关闭任何一种以 Open 语句打开的文件。Close 语句一次可以关闭多个文件。不带任何参数的 Close 语句可以关闭所有以 Open 语句打开的文件。

文件被关闭之后，它所占用的文件号会被释放，可供以后的 Open 语句使用。

如果不使用 Close 语句关闭文件，当程序正常结束（比如使用 End 语句结束程序）时，所有打开的文件也会自动关闭。

例如：

```
Close ♯2                 '关闭文件号为 2 的文件。
Close ♯10, ♯11, ♯15      '同时关闭 10、11、15 号文件。
Close                    '关闭所有被打开的文件。
```

3. EOF 函数

使用格式：EOF(文件号)

此函数测试当前读写位置是否位于"文件号"所代表文件的末尾。如果是，则返回 True；否则，返回 False。有的文件操作语句或函数在执行时，如果超出文件末尾，会导致出错。为避免文件读写出错，应该在读写文件之前利用本函数进行检测。

4. LOF 函数

使用格式：LOF(文件号)

返回"文件号"所代表文件的长度（以字节为单位）。

5. FileLen 函数

使用格式：FileLen(文件名)

此函数返回以"文件名"(字符串类型)参数指定的文件的长度(以字节为单位)。文件不要求打开。如果文件已打开,则返回的是打开前的文件长度。

6. FreeFile 函数

使用格式:FreeFile [(范围)]

使用 FreeFile 提供一个尚未被占用的最小文件号。参数"范围"可以是 0 或 1,表示文件号的范围。FreeFile 或 FreeFile(0)返回 1~255 之间未使用的最小文件号;FreeFile(1)返回 256~511 之间未使用的最小文件号。

当程序打开的文件较多时,这个函数很有用。特别是当在通用过程中使用文件时,用这个函数可以避免使用其他 Sub 或 Function 过程中正在使用的文件号。利用这个函数,可以把未使用的文件号赋给一个变量,用这个变量做文件号,不必知道具体的文件号是多少。

例 8.1　用 FreeFile 函数获取一个文件号。

```
Private Sub Command1_Click()
    Dim Filename $ , Filenum%
    Filename = InputBox $ ("请输入要打开的文件名:")
    Filenum = FreeFile
    Open Filename For Output As Filenum
    Print Filename; " opened as file # "; Filenum
    Close #Filenum
End Sub
```

该过程把要创建的文件的文件名赋给变量 FileName(用键盘输入文件名,要包含盘符路径等信息),而把可以使用的文件号赋值给变量 Filenum,然后在 Open 语句中加以使用。

8.3　顺序文件操作

顺序访问文件(简称为顺序文件),实际上是文本文件。写入到顺序文件中的任何类型的数值,都被转换成字符形式。因此,Visual Basic 程序生成的顺序文件可以使用任何的文本编辑软件打开查看(比如 Microsoft"记事本"、"写字板")。文本文件中的信息往往是以行为单位的,行与行之间以不可见的回车符与换行符分隔。一个文本行中可能有多个数据项。

文件中的数据是按顺序存取的。也就是说,文件中数据的写入顺序、在文件中存放的顺序和从文件中读出数据的顺序三者一致。即先写入的数据放在最前面,也最早被读出。如同我们日常生活中的排队购物,先来先购。

从顺序文件中读数据必须从第一个数据行读起,哪怕你所要读出的是最后一项数据,也要将它前面的数据项一一读过。

在对顺序文件进行操作之前,必须用 OPEN 语句将其打开;在对其操作完成之后,要用 CLOSE 语句将它关闭。从顺序文件中读出数据,要使用 input # 或 line input # 语句;向顺序文件中写入数据,则要使用 print # 或 write # 语句。

8.3.1　顺序文件的打开与关闭

无论是什么类型的文件,在要对它进行读写之前都必须先打开它,打开文件使用 Open

语句,语法为:

　　　Open 文件名 For Input | Output | Append As[#]文件号

说明:

(1) 文件名:为字符串类型,指定文件的路径与文件名。如果文件处于当前驱动器的当前文件夹下,可以只写文件名。

注意:文件扩展名可任意或没有,建议使用.txt 或.dat。

(2) Input | Output | Append :决定文件的打开方式,打开方式的不同,对文件的操作模式也不同,详见表 8.1。

表 8.1　Input、Output、Append 关键字的比较

关键字	对文件的操作
Input	从文件向内存读入数据。如果文件不存在,则会出错
Output	把数据从内存写到文件中。如果文件不存在,则创建新文件。如果文件已存在,覆盖文件中原有的内容
Append	追加数据到文件的末尾,不覆盖文件原来的内容。如果文件不存在,则创建新文件

(3) 文件号:代表被打开文件的文件号,它应该是 1～511 之间的整数。文件名前面的" # "号可有可无。

Visual Basic 要求为每个打开的文件赋一个唯一的文件号。打开文件之后,对文件的操作均要通过此文件号来代替文件。一个被占用的文件号不能再用于打开其他的文件。

文件号不要求连续使用,也不要求第一个打开的文件的文件号一定为 1。

打开顺序文件举例:

(1) 打开一个名为 Employee.dat 的文件,打开的方式为 output 方式,即对 Employee.dat 文件进行写操作。用户指定文件号为 1。

　　　Open" employee.dat" for output as # 1

(2) 打开一个名为 leader.txt 的文件,打开方式为 input 方式,即从文件 leader.txt 中读出数据。文件号为 10。

　　　Open" leader.txt" for input as # 10

(3) 打开一个文本文件 firstfile.txt 向其中追加一些内容,并自动分配一个尚未使用的文件号。

　　　Dim Filename $,Nfile%
　　　Filename = " f:\firstfile.txt"
　　　Nfile = FreeFile
　　　Open filename for append as Nfile

从此例可以看出,文件名可以是一个已被赋值的字符串变量。

8.3.2　顺序文件的写操作

写顺序文件之前,应该使用 Output 或 Append 关键字打开文件。可以使用下列语句把变量、常量、属性或表达式的值写入顺序文件。

1. Print ♯ 语句

Print ♯ 语句的语法为：

  Print ♯文件号，[<表达式列表>][{，｜；}]

说明：

（1）Print ♯语句与窗体的 Print 方法很相似，区别在于 Print 方法的输出目标为窗体、图片框或打印机，而 Print ♯语句的输出目标是文件，共同点为：输出的多个表达式之间可以用逗号分隔也可以用分号分隔；用逗号（即，）分隔时，数据项按标准分区格式写入文件，每个分区的长度为 14 个字符位；用分号（即；）分隔时，数据项按紧凑格式写入文件，数据项之间最多隔一个空格。如果此语句以一个逗号或分号结尾，则下一条 Print ♯ 语句的输出不另起一行，否则换行。

  例如 Print ♯1，" Welcome"，123.4；Date，True；

    Print ♯1，Now

两条语句输出结果在同一行上，如下所示：

  Welcome   123.4 2015－5－11   True2015－5－11 22：06：24

（2）使用 Print ♯ 语句写入到顺序文件中的值都要转换为 ASCII 码字符，文件中各数据项之间不会自动产生分隔符。比如字符串两端无引号，日期、逻辑型数据前后无"♯"。

2. Write ♯ 语句

Write ♯ 语句的语法为：

  Write ♯文件号，[<表达式列表>]

Write ♯ 语句与 Print ♯ 语句的语法完全相同，但是输出到文件中的结果不一样。主要表现在：

（1）Write ♯ 输出到文件中的各数据项之间以紧凑格式存放，即在数据项之间自动添加逗号（，）分隔符，而不管 Write ♯语句中使用的分隔符是"；"还是"，"。若省略<表达式列表>，则输出一个空白行到文件。

（2）如果表达式是字符类型，写入文件后字符串前后自动加双引号作为字符串数据的定界符；日期时间类型、逻辑类型数据写入文件后，其数据前后自动添加"♯"号；数值类型无特殊处理，但写入的正数前面没有空格。

Write ♯语句也可以使用 Spc(n)和 Tab(n)函数，把表达式的值输出到特定位置上。

Print ♯ 语句适合于为其他软件生成数据文件，而 Write ♯ 语句更适合于为 Visual Basic 程序读入而生成文件。

例 8.2　下面的事件过程在文件 D：\myfirst. txt 中输出四行文字，如图 8.6 所示。

```
Private Sub Command1_Click()
    Open "d:\myfirst. txt" For Output As ♯1        '以 Output 方式打开顺序文件
    Print ♯1，"welcome"，123.4，Date，True          '写文件
    Print ♯1，"welcome"；123.4；Date；True
    Write ♯1，"welcome"，123.4，Date，True
    Write ♯1，"welcome"；123.4；Date；True
    Close ♯1                                        '关闭文件
End Sub
```

可以看出，不管使用逗号还是分号来分隔表达式，Write ♯语句都会把数据一个挨一个

地写入文件中,并自动用逗号隔开。

　　虽然文件的打开、关闭和读写不受文件扩展名的影响,但是建议顺序文件使用.txt 为扩展名。这样,所生成的文件可以很方便地在 Windows 资源管理器中通过鼠标双击的方法用 Microsoft 的"记事本"程序打开并查看其中的内容。

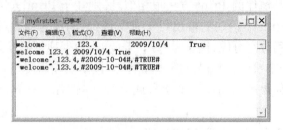

图 8.6　Print、Write 输出结果对比

　　例 8.3　从键盘上输入 4 个学生的数据,然后把它们存放到磁盘文件中。

　　学生的数据包括姓名、学号、年龄、住址,用一个记录类型来定义。具体实现代码如下:

```
Option Base 1
Private Type stu
    stname As String * 10
    num As Integer
    age As Integer
    addr As String * 20
End Type
Private Sub Form_Click()
    Dim n%, i%
    Static stud() As stu
    Open "c:\stu_list.txt" For Output As #1
    n = InputBox("enter number of student:")
    ReDim stud(n) As stu
    For i = 1 To n
        stud(i).stname = InputBox("Enter Name:")
        stud(i).num = InputBox("Enter Number:")
        stud(i).age = InputBox("Enter Age:")
        stud(i).addr = InputBox("Enter Address:")
        Write #1, stud(i).stname, stud(i).num, stud(i).age, stud(i).addr
    Next i
    Close #1
    End
End Sub
```

　　运行程序后,输入 4 个学生数据,此时屏幕上没有信息输出,但 4 个学生的数据已经输出到磁盘文件 stu_list.txt 中。最后关闭文件,退出程序。可以通过字处理软件(如记事本)查看该文件内容:

　　　　"王大力　　　　",20011,20,"3 号楼 204 室　　　　　　　　　　　"

```
"张虹        ",20012,19,"3 号楼 205 室            "
"向荣        ",20013,20,"3 号楼 208 室            "
"钟华        ",20014,21,"3 号楼 209 室            "
```

从写入文件的内容可以看出,用 Write♯写文件,文件中各数据项之间用逗号隔开,字符串数据放在双引号中。

8.3.3　顺序文件的读操作

要从顺序文件中读出数据到内存变量中以供后续处理,则必须以 Input 方式打开顺序文件。读顺序文件可以使用下列语句。

1. Input♯语句

该语句用于从顺序文件中读出数据,并赋值给相应的变量。此语句的语法是:

　　　Input♯文件号,变量列表

说明:

(1)"变量列表"由一个或多个变量组成,这些变量可以是简单变量、数组元素,也可以是用户自定义类型变量。变量的数据类型可以是数值型,也可以是字符串类型。这些变量用于接收从数据文件中读出的数据。

Input♯语句一次可以读出一项或多项内容,读出的值依次赋给相应的变量。应该保证变量的类型与文件中相应数据项的类型一致。如果文件中的一项与对应的变量类型不同,Visual Basic 会作一些默认的转换(比如读出非数值型数据赋值给数值型变量时,将 0 赋给该变量),无法转换时产生"类型不匹配"错误。此语句读出数据项不受回车换行符的影响。

(2)因为 Input♯语句在读出数据时是按文件中的分隔符(,或回车换行符)来区分数据项的,所以应该用 Input♯语句来读 Write♯语句产生的数据。如果使用 Input♯语句读取由 Print♯产生的数据时,则读出情况要看写入时数据项之间是否有分隔符,如果没有人为添加逗号分隔符,则一次读出一整行。

(3)用 Input♯语句把读出的数据赋给变量时将忽略数值型数据的前导空格、回车和换行符,把遇到的第一个非空格、回车和换行符作为数据的开始。

(4)Input♯语句也可以用于随机文件。

(5)顺序文件的特点在于:无论是读操作还是写操作,都是一个数据项一个数据项地从文件头向文件尾依次进行,不会跳跃也不会返回。Visual Basic 为每个打开的文件维护了一个文件读写指针,指针指向的位置就是下一次读写操作时的开始位置,读写之后,指针会自动作相应的移动并指向下一个位置。刚打开文件时,指针停留在文件的开头。

在读顺序文件时,读入一个数据项后,下一条读文件的语句就从下一个数据项读出数据。如已到文件尾,继续读文件会产生错误,写文件的操作则不会出错,它会把文件扩大。

建议在实际编程时,使用 Write♯语句写顺序文件,使用 Input♯语句读顺序文件。

例 8.4　下面的两个事件过程通过使用 Write♯和 Input♯语句,分别完成对顺序文件的写和读的操作。

```
Private Sub Command1_Click()
    Dim int1 As Integer: int1 = 113
```

```
        Open "d:\mysecond. txt" For Output As #1          '打开文件准备写
        Write #1, 123.4, "Welcome"                        '写文件
        Write #1, #2/1/99#, True, int1
        Close #1                                          '关闭文件
    End Sub
    Private Sub Command2_Click()
        Dim sng1 As Single,str1 As String
        Dim dtm1 As Date, bln1 As Boolean
        Dim int1 As Integer
        Open "d:\mysecond. txt" For Input As #1           '打开文件准备读
        Input #1, sng1, str1, dtm1, bln1, int1  '读出 5 个数据项,赋值给 5 个变量
        Print sng1, str1, dtm1, bln1, int1                '在窗体上显示数据
        Close #1
    End Sub
```

例 8.5 把例 8.3 建立的数据文件(stu_list. txt)读出到内存,并在屏幕上显示出来。该程序的自定义类型与例 8.3 中的相同,此处省略。事件过程代码如下:

```
    Private Sub Command2_Click()
        Dim n%, i%
        Static stud() As stu
        Open "c:\stu_list. txt" For Input As #1
        n = InputBox("enter number:")
        ReDim stud(n) As stu
        Print "姓名";Tab(20);"学号";Tab(30);"年龄";Tab(40);"住址"
        For i = 1 To n
            Input #1, stud(i). stname, stud(i). num, stud(i). age, stud(i). addr
            Print stud(i). stname;Tab(20); stud(i). num, Tab(30); stud(i). age; _
                Tab(40); stud(i). addr
        Next i
        Close #1
    End Sub
```

该过程首先以输入模式(input)打开已经存在的文件 stu_list. txt,然后定义动态数组 stud 并重新定义大小,接下来在 For 循环中读出磁盘文件中 4 个学生的数据,并在窗体上显示出来。程序运行后,在输入对话框中输入 4,"确定"后执行结果如下图 8.7 所示。

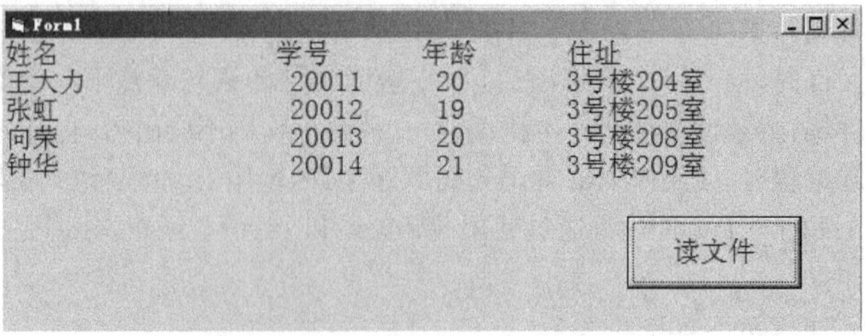

图 8.7 顺序文件的读操作结果

2. Line Input ♯ 语句

Line Input ♯语句用于将顺序文件中的所有数据一行一行地读出来。其语法为：

　　Line Input ♯文件号，变量名

其中"变量名"可以是一个变体变量名，或者是字符串型变量名，也可以是字符串型数组元素名。通常用 Line Input ♯语句从文件中读出用 Print ♯语句写入的数据。

Line Input ♯语句也可以用于随机文件。

例 8.6　下面的程序段以 Input 方式打开例 8.2 中生成的文件 myfirst.txt，并依次把文件中的四行读入字符串变量 str1 中，然后显示到窗体上。运行结果如图 8.8 所示。

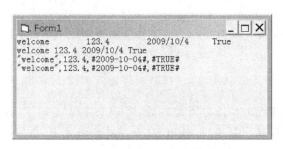

图 8.8　Line Input ♯语句的应用

```
Private Sub Form_Click()
    Dim int1 As Integer, str1 As String
    Open "d:\myfirst.txt" For Input As ♯1       '以输入方式打开顺序文件
    For int1 = 1 To 4
        Line Input ♯1, str1                     '读出一整行数据
        Print str1                              '在窗体表面上显示读入变量的内容
    Next
    Close ♯1                                    '关闭文件
End Sub
```

因为 Line Input ♯语句在读入时不区分数据项，所以它并不常用。不过它常被用来进行文本文件的复制。

3. Input $ 函数

该函数以字符串形式返回从文件中读出的一个或多个字符。该函数只用于以 Input 或 Binary 模式打开的文件。语法格式为：

　　Input $ (n,[♯]文件号)

其中 n 是任意合法的数值型表达式，指明了从文件中一次读出字符的个数。与 Input ♯语句不同，Input 函数返回所读的所有字符，包括前导空格、逗号、双引号以及回车换行符，即 Input 函数把文件作为无格式的字符流来读取，不把回车/换行符等看作一次读操作的结束标志。Input 函数可以用来读取二进制文件，一般不用于顺序文件的读操作。

例如：x $ = input $ (100,♯1)

功能为：从文件号为 1 的文件中读出 100 个字符的数据，并把它赋值给变量 x $。具体应用见例 8.7。

例 8.7　先将字母 A~J 依次写到 examp.txt 文件中，然后再用 Input 函数一次将 10

个字母读出,并显示在窗体上。

```
Private Sub Form_Click()
    Dim str As String, i As Integer
    Open "D:\examp.txt" For Output As #10
    For i = 1 To 10                  '利用循环将10个字母依次写入文件
        str = Chr(i + 64)
        Print #10, str
    Next
    Close 10
    Open "D:\examp.txt" For Input As #15
    str = Input(30, #15)             '一次读出30个字符,其中包含10个字母
    Print str
    Close 15
End Sub
```

注意:本程序中用 Print # 语句写文件时,写一个字母占一行,其行尾带有回车符及换行符,因此用 Input 函数读出数据时,读出 30 个字符才能把 10 个字母完全读出来。

8.3.4 顺序文件的应用

Visual Basic 提供的 InputBox 函数用来接受用户通过键盘键入的数据。由于这个函数每次只能从键盘接受一个数据,因此使用它来给程序输入大量的数据将会非常不方便。如果一个应用程序需要从外部输入较多的数据时,一般的做法是:事先使用文本编辑程序将数据按照某种格式存放在文本文件中,然后在程序中使用相关语句从文件中读入数据给相应的变量。

例 8.8 将一批无序的数据插入到已按升序排列好的数列中去,得到的新数列仍按升序排列。

将要被插入的一批无序数据安排在文件 Data1.txt 中,将已排序的数据安排在文件 Data2.txt 中,将插入后得到的新有序数列存放在文件 Data3.txt 中。由于文件 Data1.txt 和 Data2.txt 中各有多少个数据事先不知道,所以声明两个动态数组 Ins 和 Sort,分别将 Data1.txt 中的数据读入到 Ins 中,将 Data2.txt 中的数据读入到 Sort 中。通用过程 Inserting 的功能是按题目要求将数组 Ins 中的无序数据分别插入到已按升序排列好的数组 Sort 中。

说明:本程序中的数据文件 data1.txt 和 data2.txt 可用"记事本"程序创建好。创建时,各数据之间以逗号分隔。

程序代码如下:

```
Option Explicit
Private Sub Form_click()
    Dim insert() As Integer, sorted() As Integer          '定义动态数组
    Dim idx As Integer, i As Integer
    Open "d:\data1.txt" For Input As #12     '打开已创建好的文件 data1.txt
    Open "d:\data2.txt" For Input As #13     '打开已创建好的文件 data2.txt
    idx = 0
```

```
    Do While Not EOF(12)      '用循环把 data1.txt 中的数据依次读入 insert 数组
        idx = idx + 1
        ReDim Preserve insert(idx)
        Input #12, insert(idx)
    Loop
    idx = 0
    Do While Not EOF(13)      '用循环把 data2.txt 中的数据依次读入 sorted 数组
        idx = idx + 1
        ReDim Preserve sorted(idx)
        Input #13, sorted(idx)
    Loop
    Call inserting(sorted, insert)
    Open "d:\data3.txt" For Output As #14
    idx = UBound(sorted)
    For i = 1 To idx
        Print #14, sorted(i);
    Next i
    Close
End Sub
Private Sub inserting(sort() As Integer, ins() As Integer)
    Dim insidx As Integer, js As Integer
    Dim sortidx As Integer, ks As Integer
    insidx = UBound(ins)
    sortidx = UBound(sort)
'重新定义 sort 数组大小为原 sort 数组大小与 ins 数组大小之和
    ReDim Preserve sort(insidx + sortidx)
    js = 0
    Do While js < insidx
        js = js + 1
        ks = sortidx
        Do While ks >= 1 And ins(js) < sort(ks)
            If ins(js) < sort(ks) Then
                sort(ks + 1) = sort(ks)          '后移 sort 数组中的元素
                ks = ks - 1                      'ks 用于确定待插入元素在 sort 中的位置
            Else
                Exit Do
            End If
        Loop
        sort(ks + 1) = ins(js)      '把待插入的数字插入至 sort 数组中
        sortidx = sortidx + 1       'sort 数组中实际数字个数加 1
    Loop
End Sub
```

8.4　随机文件

以随机存取(Random Access)方式存取的文件称为随机文件。随机文件是由一组长度相等的记录组成。与顺序文件不同,随机文件有其自己的特点:

(1) 随机文件中的记录(Record)是定长的。只有给出记录号 n,才能通过"(n−1)×记录长度"计算出该记录与文件首记录的相对地址。因此,在用 open 语句打开文件时必须指定记录的长度。

(2) 每个记录中包含一个或多个数据项——又称为字段(Field)或域。只有一个字段的记录其数据类型可以是任何一个标准类型,比如整型、定长字符串。如果记录是由多个字段组成,则记录必须是用户自定义类型,并且各记录中相应的数据项的长度是一样的。

(3) 随机文件中,除字符串之外,其他类型的数据不转换成字符形式,而是直接以二进制形式存放。

(4) 随机文件打开后,既可读又可写,可以根据记录号访问文件中任何一个记录,无须按顺序进行。

与顺序文件不同,随机文件中各记录的写入顺序、排列顺序和读出顺序三者一般是不一致的。也就是:先写入的记录不一定排列在前面,排在前面的记录也不一定先被读取。我们称这种情况为:逻辑顺序和物理顺序不一致(顺序文件的逻辑顺序和物理顺序是一致的)。

因为随机文件不是文本文件,所以使用文本文件编辑软件打开随机文件,那些非字符数据项会变得不可辨认。

随机文件的打开与关闭,同样使用 Open 语句和 Close 语句。读写随机文件,则使用 Put ♯和 Get ♯语句。为使用多字段记录,还必须定义记录类型(即用户自定义类型)。

8.4.1　随机文件的打开与关闭

　　　　Open 文件名［For Random］As［♯］文件号 Len＝记录长度

说明:

(1) 文件名:指定要打开的文件。

(2) For Random:指定文件是以随机方式打开,因为这是默认方式,所以可以省略。以随机方式打开的文件既可以读也可以写。如果文件不存在,则新建文件。

(3) 文件号:其意义与顺序文件相同。

(4) 记录长度:指定读写操作时一条记录的长度(以字节为单位)。可以使用 Len 函数计算一个变量,尤其是自定义类型的变量所占的存储空间的大小。

如果打开文件指定的记录长度比实际写入文件的数据长度短,将会产生错误。如果比实际写入的数据长度长,记录将会正确地把数据写入到文件中去,而仅仅是浪费了一些磁盘存储空间。

例如,用下面的程序片断打开一个名为"考试成绩"的随机文件。

```
Dim Filenum As Integer
Dim Reclength As Long
Dim Score As Student_Score
```

```
Filenum = FreeFile
Reclength = Len(Score)
Open "考试成绩" As ♯Filenum Len = Reclength
```
随机文件的关闭同顺序文件一样,用 Close〈文件号〉语句即可。

8.4.2　随机文件的写操作

使用 Put 语句将变量内容写到随机文件中去。语法为:

　　Put [♯]文件号,[记录号],表达式

说明:

(1) 文件号:是已打开的随机文件的文件号。

(2) 记录号:指定数据将写在文件中的第几个记录上。如果省略这个参数,则写在上一次读写记录位置的下一条记录,或者由 Seek 语句所指定的位置;如果尚未进行读写,则为第一条记录。总之,要将变量内容写到文件指针的当前位置,记录号可以是整型的常数,也可以是已赋值的变体变量或长整型的变量,其取值范围为 1~231−1。

注意:如果省略"记录号"参数,语句中的逗号分隔符不能省略。例如:

　　Put ♯Filenum,,Score

(3) 表达式:指要写入文件中的数据来源。

此语句把"表达式"的值写入文件中指定的一条记录中。当表达式的值所占的存储空间大于打开文件时指定的"记录长度"时,会出错。一般情况下,"表达式"是自定义类型变量名,变量的各个元素就是这条记录的各个字段。

在写操作时,如果该记录上原本有数据,会被新的内容覆盖。其他记录的内容不受影响。

8.4.3　随机文件的读操作

Get 语句用于从打开的文件中读出数据到变量中,语法为:

　　Get [♯]文件号,[记录号],变量名

说明:

(1) 文件号:指定要读取的随机文件。

(2) 记录号:指定要读出随机文件中的第几条记录。如省略此参数,则为上一次读写记录的下一条记录。如果尚未进行读写,则表示第一条记录。

(3) 变量名:确定读入的数据存入哪个变量中。此变量的类型应与写文件时使用的变量类型相匹配,否则读出的数据可能没有意义。

例 8.9　创建随机文件,用于记录学生姓名及成绩,然后用列表框显示随机文件的内容。程序参考界面如图 8.9 所示。

程序代码如下:

```
' 在标准模块中定义一记录类型 recordtype
Type recordtype
    stuname As String  * 8
    stuscore As Single
End Type
```

```
'在窗体通用声明区声明记录型(自定义类型)的变量
Private tryout As recordtype
Private Sub Command1_Click()              '创建随机文件
    Dim i%
    Open "c:\file2. rec" For Random As #1 Len = Len(tryout)
    i = 1
    Do
        tryout. stuname = InputBox("请输入姓名:")
        If Trim(tryout. stuname) = "" Then Exit Do
        tryout. stuscore = Val(InputBox("请输入分数"))
        Put #1, i, tryout                 '使用 put # 语句用于写入
        i = i + 1
    Loop
    Close #1
End Sub
Private Sub Command2_Click()              '读随机文件
    Dim j As Integer
    Open "c:\file2. rec" For Random As #1 Len = Len(tryout)
    j = 1
    Do While Not EOF(1)
        Get #1, j, tryout                 '用 get # 语句读出
        List1. AddItem tryout. stuname & Str(tryout. stuscore)
        j = j + 1
    Loop
    Close #1
End Sub
```

图 8.9　程序运行界面

对于随机文件,读写操作时可以指定记录号,并且记录号不要求连续也不要求递增,这就是称为"随机"的原因。

对于随机文件,应使用 Put 语句来写,Get 语句来读。与顺序文件不同的是:随机文件中的记录之间不换行也无特殊分隔符。以 For Random 方式打开的文件,既可以写也可以

读,并且读写操作不受当前文件中的记录数的限制。假设当前文件中有 3 条记录时,可以使用 Put 语句把数据写在第 2 条记录上,原来第 2 条记录上的数据被覆盖;也可以使用 Put 语句把数据写在第 6 条记录上,Visual Basic 会自动在第 4 和第 5 条记录的位置上填入随机数据。当读数据时,如果 Get 语句指定的记录号大于文件中现有的记录数,则会读入一个空记录,变量的各个分量会自动填入其数据默认值。

虽然使用自定义类型来操作随机文件比较方便,但是也可以用常规数据类型的变量来操作随机文件,关键要满足记录长度的要求以及进行读写时类型的匹配。

8.5　二进制文件

当使用文件时,二进制访问模式具有最大的灵活性。二进制存取可以获取任何一个文件的原始字节。任何类型的文件(包括顺序文件或随机文件)都可以以二进制访问模式打开。实际上,顺序文件与随机文件是二进制文件的特例,因为二进制文件允许同时使用不同类型的数据,因而使用更广、更灵活。

二进制存取模式与随机存取模式一样,使用 Get ♯语句获取数据,用 Put ♯语句写入数据。二进制存取模式与随机文件不同之处是:二进制存取可以定位到文件中任一字节位置,而随机存取要定位在记录的边界上;二进制存取从文件中读取数据或向文件写入数据的字节长度取决于 Get ♯语句或 Put ♯语句中“变量”的长度,而随机存取方式读写固定个数的字节(一个记录的长度)。

因为二进制文件中存放的是数据的二进制值,不像顺序文件那样会把其他类型转换为字符,所以使用二进制文件比使用顺序文件更能节省磁盘空间。二进制文件的不方便之处在于,不能使用一般的文本编辑软件来查看文件的内容。它的内容一般只能用生成它的程序或了解其结构的程序来使用。

8.5.1　二进制文件的打开与关闭

使用 For Binary 关键字来打开二进制文件。语法为:

  Open 文件名 For Binary As〔♯〕文件号

其中,“For Binary”表示以二进制访问方式打开或创建文件,与其他方式 Open 语句不同的是,该语句中不包含记录长度选项(Len＝＜记录长度＞)。

与随机文件类似,二进制文件一经打开就可读写。如果文件不存在,则创建新文件。

二进制文件的关闭与其他类型文件关闭方法一样。

8.5.2　二进制文件的写操作

使用 Put 语句来写二进制文件。

  Put〔♯〕文件号,〔写位置〕,表达式

说明:

(1) 文件号:代表一个以二进制方式打开的文件。

(2) 写位置:为长整型参数,指定数据要写到文件中的位置(从文件开头以字节为单位计算),如省略此参数,则紧接上一次操作的位置写入。如果尚未进行过读写操作,则为文件头。

（3）表达式：是要写入文件中数据的来源，表达式的值可以是任意类型。

如果指定位置上原来有数据，则会被新写入的数据覆盖。当指定位置超出文件末尾时，会使文件变大。

8.5.3　二进制文件的读操作

使用 Get 语句来读二进制文件。

　　　Get[♯]文件号，[读位置]，变量名

说明：

（1）文件号：代表一个以二进制方式打开的文件。

（2）读位置：指定要读入的数据在文件中的位置（从文件开头以字节为单位）。如省略此参数，则紧接上一次操作的位置开始读。如果尚未进行过读写操作，从文件头开始读入。如果指定位置超出文件长度，并不会出错，读入的是变量类型的默认值。

（3）变量名：用于存放读出数据的变量，此变量的类型要与读出的数据类型相符。

（4）在读出非定长字符串数据时，读出的字符数会受到变量当前字符数的影响。在读出定长字符串数据时，读出的字符串长度与指定长度一致。在读出其他类型的数据时，一次读的字节数与变量的类型字节数相同。

例 8.10　下面的程序演示了如何对二进制文件进行先写后读的操作。

```
Option Explicit
Private Sub form_click()
    Dim b As String * 12, a$                    '指定 b 为定长字符串
    Open "c:\file3.txt" For Binary As #1
Start:
    a$ = InputBox("enter student's name:")
    If Trim(a$) = "" Then GoTo Display
    b = a$
    Put #1, , b      '从文件指针当前指向位置开始写入定长字符串,当输
    GoTo Start        '入超出 12 个字符时,自动截取前 12 个字符写入
Display:
    Seek #1, 1            'Seek 语句设置读操作的位置从第 1 个字节开始
    Do While Not EOF(1)      '判决 1 号文件中的指针是否移到尾部
        Get #1, , b      '从文件指针当前指向的位置开始读出定长字符串
        Print b
    Loop
    Close #1
End Sub
```

说明：由于在读出非定长字符串数据时，读出的字符数受到变量当前字符数的影响。所以当把本程序中的变量 b 的定长 12 取消后，在读出数据时，一次读出的字符数取决于最后一次写入时 b 变量的字符数。

例 8.11　编写一个复制文件的程序。程序界面如图 8.10 所示。

设计步骤如下：

（1）建立程序界面并设置对象属性。在窗体中添加两个文本框 Text1 和 Text2 及两个标签框,一个通用对话框 CommonDialog1,三个命令按钮 Command1～Command3。

（2）编写程序代码如下:

```
Option Explicit
Dim fn1 As String，fn2 As String
Private Sub Command1_Click()
    CommonDialog1.Filter = "All Files（*.*）"
    CommonDialog1.ShowOpen
    fn1 = CommonDialog1.FileName
    '将"打开"通用对话框中选中的文件显示在文本框 1 中
    Text1.Text = fn1
End Sub
Private Sub Command2_Click()
    Dim ch As Byte
    Dim fnum1 As Integer，fnum2 As Integer
    CommonDialog1.Filter = "All Files（*.*）"
    CommonDialog1.ShowSave
    fn2 = CommonDialog1.FileName
    '将"另存为"通用对话框中选中的文件显示在文本框 2 中
    Text2.Text = fn2
    fnum1 = FreeFile
    Open fn1 For Binary As ♯fnum1
    fnum2 = FreeFile
    Open fn2 For Binary As ♯fnum2
    Do While Not EOF(fnum1)
        Get ♯fnum1,，ch        '从原文件读当前指针处一个字节
        Put ♯fnum2,，ch        '写一个字节到目标文件当前指针处
    Loop
End Sub
Private Sub Command3_Click()
    Close
    End
End Sub
```

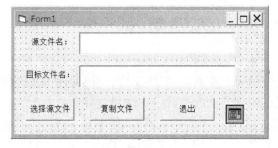

图 8.10　程序设计界面

习　题　8

一、单项选择题

1. 下面对语句 Open "Text. Dat" For Output As ♯FreeFile 的功能说明中错误的是（　　）。

　　A. 以顺序输出模式（写入文件模式）打开文件"Text. Dat"

　　B. 如果文件"Text. Dat"已存在，则打开该文件，新写入的数据将增添到该文件中

　　C. 如果文件"Text. Dat"不存在，则建立一个新文件

　　D. 如果文件"Text. Dat"已存在，则打开该文件，新写入的数据将覆盖原有的数据

2. 用 Write 和 Print 语句向文件中写入多个数据的差别在于（　　）。

　　A. Write 语句将自动加入逗号分隔符

　　B. Print 语句将自动加入逗号分隔符

　　C. Write 语句将自动加入回车

　　D. Print 语句将自动加入回车

3. Visual Basic 根据计算机访问文件的方式将文件分成三类，其中不包括（　　）。

　　A. 顺序文件　　　　B. Unix 文件　　　C. 二进制文件　　　D. 随机文件

4. 在 Visual Basic 中打开一个顺序文件时，可以采用（　　）种打开方式。

　　A. 1　　　　　　　B. 2　　　　　　　C. 3　　　　　　　D. 4

5. 以下语句用于打开一个顺序文件 Open "C：\MyFile. txt" For OutPut，但该语句的一个重要错误是没有（　　）。

　　A. 指定打开方式　　　　　　　　　B. 指定文件号

　　C. 指定打开文件名　　　　　　　　D. 指定文件类型

6. 随机文件以（　　）单位来进行文件读取。

　　A. 字节　　　　　　B. 记录　　　　　　C. 整个文件　　　D. 字符

7. 利用（　　）函数可以判断在访问文件时是否已经到达了文件尾。

　　A. BOF　　　　　　B. EOF　　　　　　C. LOF　　　　　D. LOC

8. 要对顺序文件进行写操作，下列打开文件语句中正确的是（　　）。

　　A. Open "file1. txt" For Output As ♯1

　　B. Open "file1. txt" For Input As ♯1

　　C. Open "file1. txt" For Random As ♯1

　　D. Open "file1. txt" For Binary As ♯1

9. 下列（　　）说法是不正确的。

　　A. 当程序正常结束时，所有没用 Close 语句关闭的文件都会自动关闭

　　B. 在 VB 中文件访问的类型有：顺序文件、随机文件、记录文件

　　C. 可以用不同的文件号同时打开一个随机文件

　　D. 用 Output 模式打开一个顺序文件，即使不对它进行写操作，原来内容也被清除

10. 在用 Open 语句打开文件时，如果省略"For 方式"，则打开的文件的存取方式是（　　）。

A. 顺序输入方式　　　　　　　B. 顺序输出方式

C. 随机存取方式　　　　　　　D. 二进制方式

二、填空题

1. 记录文件中的记录如果由多个字段组成,则记录必须是用户自定义的记录类型,则该类型应由＿＿＿＿＿＿＿＿＿＿＿＿语句定义。

2. 用 Open 语句打开顺序文件时,使用＿＿＿＿＿方式,只能读不能写。

3. 根据不同的标准,文件可以分为不同的类型。例如,根据数据性质,可分为＿＿＿＿＿文件和＿＿＿＿＿文件;根据数据的存取方式和结构,可分为＿＿＿＿＿文件和＿＿＿＿＿文件;根据数据的编码方式,可分为＿＿＿＿＿文件和＿＿＿＿＿文件。

4. 读随机文件中的记录信息,应使用＿＿＿＿＿语句。

5. 以下程序段在 C 盘根文件夹下创建了一个顺序文件 data1.dat,在文件中写入一行内容,其形式为:"Visual","Basic","Welcome","You",根据要求完成程序。

Open ＿＿＿＿＿＿＿＿＿＿＿＿＿＿＿＿＿＿＿＿＿＿＿＿＿＿＿＿＿＿＿＿＿＿＿

＿＿＿＿＿＿＿＿＿＿＿＿＿＿＿＿＿＿＿＿＿＿＿＿＿＿＿＿＿＿＿＿＿＿＿＿＿＿

Close ♯12

6. 以下是按钮 cmd1 的 Click 事件过程,求 1~100 之间的所有质数。质数的个数显示在窗体上,质数从小到大依次写入顺序文件 C:\out.txt 中,在划线处填上缺少的内容。

```
Private Sub cmd1_Click()
    Dim intnum As Integer, int1 As Integer, int2 As Integer
    Open _____ _____ Output As _____
    intnum = 0
    For int1 = _____
        For int2 = 2 To int1 \ 2
            If int1 Mod int2 = 0 Then Exit For
        Next
        If _____ Then
            intnum = intnum + 1
            Write ♯1, int1
        End If
    Next
    Print _____
    Close ♯1
End Sub
```

7. 顺序文件的建立。建立文件名为"c:\stud1.txt"的顺序文件,内容来自文本框,每按一次回车键就写入一条记录,然后清除文本框内容,直到文本框内输入"END"字符串。

```
Private Sub Form_Load()
    _____
    Text1.Text = ""
End Sub
Private Sub Text1_KeyPress(KeyAscii As Integer)
    If KeyAscii = 13 Then
```

```
          If _____ Then
              Close ♯1
              End
          Else

              _____
              Text1. Text = ""
          End If
      End If
  End Sub
```

8. 将 C 盘根文件夹下的一个老的文本文件 old. dat 复制到新文件 new. dat 中,并利用文件操作语句将 old. dat 文件从磁盘上删除。

```
  Private Sub Command2_Click()
  Dim str1 $
  Open "c:\old. dat" _____
  Open "c:\new. dat" _____
  Do While _____

      _____
      Print ♯2, str1
  Loop

      _____
  Kill "c:\old. dat"
  End Sub
```

三、问答及编程题

1. 向一个顺序文件写数据时,可以用 Output 或 Append 两种方式打开顺序文件,两种方式之间的区别是什么?

2. 建立一个新的顺序文件"score. txt",用于记录输入的学生信息及数学和语文考试成绩。编写程序要求如下:

(1) 界面要求如图 8.11 所示。

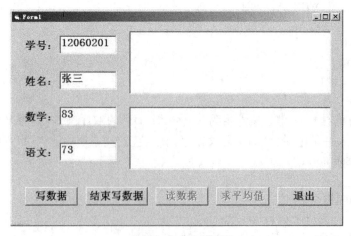

图 8.11　窗体界面

（2）调用"另存为"对话框，在对话框中输入新文件名 score. txt，并且把创建并打开新文件的代码，写在 Form_Load 事件中。

（3）"写数据"按钮用于把在文本框 Text1 至 Text4 中输入的学生信息及成绩数据写入文件 score. txt 中。

（4）"读数据"按钮用于把文件 score. txt 中的数据读出到 Text5 中显示。

（5）"求平均值"按钮用于对每个同学的成绩求平均值，并把每个学生的信息及其平均分显示在 Text6 中。同时要求计算出两门课程的总平均值，最后把两门课的总平均值显示在 Text6 的最后一行，且把这一行数据写入到 score. txt 文件。

（6）"结束写数据"后才可以使"读数据"可用；"读数据"完成后，才可以使"求平均值"可用。

3. 在 C:盘的根文件夹中有一个文件 test1. txt，文件中只有一个正整数。编程建立窗体界面，当按下按钮 cmdCal 时，从文件 test1. txt 中读入那个正整数，显示在文本框 txtInput 中。并计算该数的阶乘值，结果显示在文本框 txtResult 中，然后把这个阶乘值写入 C:盘根文件夹下的一个新文件 testout1. txt 中。如果文件 test1. txt 中的数大于 12 时，显示一个"数据太大，不能计算。"的消息框并关闭程序。把程序编译成可执行文件 factor. exe 保存在 C:盘的根文件夹下。

4. 在 C:盘的根文件夹中有一个文件 test2. txt，此文件中包含一个只有字母的字符串（有双引号界定符）。创建窗体界面，编制程序，当按下一个按钮时从文件中读入字符串并把它显示在一个文本框中。然后把字符串中的字符以 ASCII 码的顺序重新排列，结果在另一个文本框中显示，并写到 C:盘根文件夹中的新文件 textout2. txt 中，要求无双引号界定符。

5. 建立一个二进制文件，随机写 26 个小写英文字母，再将每个小写字母转换成大写字母。

第 9 章　图形操作

Visual Basic 提供了相当丰富的图形功能,既可以通过图形控件进行图形操作,也可以通过图形方法在窗体(Form)或图片框(PictureBox)上输出文字或图形。灵活使用这些图形控件和图形方法不仅可以完成许多特殊的功能,而且可以为 Windows 的程序界面增加活力。

Visual Basic 提供的图形控件主要有:PictureBox(图形框)、Image(图像框)、Shape(形状)、Line(画线工具);提供的图形方法主要有:Line(画线)、Circle(画圆)、Point(返回指定点的颜色)、PSet(画点)、Scale(设置坐标系)、PaintPicture(绘制图片)、Cls(清除所有图形和Print 输出)。

9.1　坐标系统与刻度

每一个图形操作(包括调整大小、移动和绘图),都要使用绘图区或容器的坐标系统。坐标系统是一个二维网格,可定义屏幕上、窗体中或其他容器中(如:图片框或 Printer 对象)点的位置。例如,(X,Y)表示容器中的点与原点的水平距离是 X,与原点的垂直距离是 Y。沿坐标轴定义位置的度量单位称为刻度,坐标系统的每个轴都有自己的刻度。

以下规则用于 Visual Basic 坐标系统:

(1) 当移动控件或调整控件的大小时,使用控件容器的坐标系统。窗体处于屏幕(Screen)内,其他对象位于窗体内,VB 为对象的定位提供了 Top、Left、Width、Height 四项属性(缺省单位为 Twip)。对象的(Top、Left)属性定义了该对象左上角在“容器”内的位置,(Width、Height)属性定义了该对象的大小。

如果直接在窗体上绘制对象时,窗体就是容器。如果在框架或图片框里绘制控件时,框架或图片框就是容器。例如图 9.1 中,Frame1 以窗体为容器,而 Option1 以框架为容器。

(2) 所有的图形方法和 Print 方法,使用容器的坐标系统。例如,那些在图片框里绘制控件的语句,使用的是图片框的坐标系统。

(3) VB 标准坐标系以屏幕左上角为原点(0,0),而 X,Y 轴坐标值则分别以向右、向下方增加。

(4) 窗体默认的坐标刻度单位:缇(twip)。

9.1.1　缺省刻度

每个窗体和图片框都有几个刻度属性(ScaleLeft、ScaleTop、ScaleWidth、ScaleHeight和 ScaleMode)和一个方法(Scale),它们可用来定义坐标系统。

所有 Visual Basic 的移动、调整大小和图形绘制语句,根据缺省规定,使用缇为单位。缇是打印机的一磅的 1/20(1440 缇等于一英寸;567 缇等于一厘米)。

若要返回缺省刻度,可使用无参数的 Scale 方法。

对于 Visual Basic 中的对象,缺省时,坐标原点(0,0)位于容器左上角,刻度为缇(Twip),X 轴方向向右,Y 轴方向向下。缺省坐标系统如图 9.1 所示。

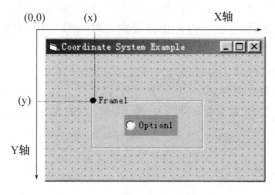

图 9.1　VB 缺省坐标系统

9.1.2　标准刻度

若不自定义单位刻度,可通过设置 ScaleMode 属性,用标准刻度来定义它们。属性设置值见表 9.1 所示。ScaleMode 属性值除了 0 和 3,表中的所有模式都是打印长度。例如,一个对象长为两个单位,当 ScaleMode 设为 7 时,打印时就是两厘米长。

```
' 设该窗体的刻度单位为英寸。
ScaleMode = 5
' 设 picPicture1 的刻度单位为像素。
picPicture1.ScaleMode = 3
```

设置 ScaleMode 的值后,Visual Basic 会重定义 ScaleWidth 和 ScaleHeight,使它们与新刻度保持一致。然后 ScaleTop 和 ScaleLeft 都设置为 0。直接设置 ScaleWidth、ScaleHeight、ScaleTop 或 ScaleLeft,将自动设置 ScaleMode 为 0。

表 9.1　ScaleMode 属性的设置值

设置值	描述
0	用户定义。若直接设置了 ScaleWidth、ScaleHeight、ScaleTop 或 ScaleLeft,则 ScaleMode 属性自动设为 0。
1	缇。这是缺省刻度。1440 缇等于一英寸。567 缇 = 1 厘米
2	磅。72 磅等于一英寸。1 磅 = 20 Twips
3	像素。像素是监视器或打印机分辨率的最小单位。每英寸里像素的数目由设备的分辨率决定。
4	字符。打印时,一个字符有 1/6 英寸高、1/12 英寸宽。 水平每个单位 = 120 Twips;垂直每个单位 = 240 Twips
5	英寸。
6	毫米。1 英寸 = 25.4 毫米
7	厘米。1 英寸 = 2.54 厘米

9.1.3 自定义刻度

可使用对象的 ScaleLeft、ScaleTop、ScaleWidth 和 ScaleHeight 这些属性,来创建自定义刻度。与 Scale 方法不同,这些属性能用来设定刻度,或取得有关坐标系统当前刻度的详细信息。

1. 使用 ScaleLeft 和 ScaleTop 属性

ScaleLeft 和 ScaleTop 属性,用来指定对象坐标系统左上角的坐标值,二者的默认值为 (0,0)。例如,下面的语句给当前窗体的左上角,和名为 picArea 图片框的左上角设定数值。

```
ScaleLeft = 100
ScaleTop = 100
picArea.ScaleLeft = 100
picArea.ScaleTop = 100
```

以上刻度值的设置情况如图 9.2 所示。

这些语句定义左上角为(100,100)。虽然这些语句不直接改变那些对象的大小或位置,但它们改变其后一些语句的作用。例如,其后的一条设置控件 Top 属性为 100 的语句,将把对象置于它的容器的最上端。

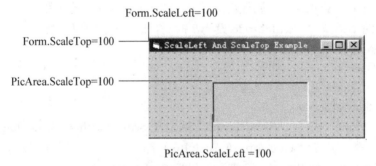

图 9.2 窗体和控件的 ScaleLeft 和 ScaleTop 属性

2. 使用 ScaleWidth 和 ScaleHeight 属性

ScaleWidth 和 ScaleHeight 属性,能够使用这些属性来为绘图或打印创建一个自定义的坐标比例尺。例如:

```
ScaleWidth = 1000
ScaleHeight = 500
```

以上语句定义的是,当前窗体内部宽度的 1/1000 为水平单位;当前窗体内部高度的 1/500 为垂直单位。即绘图区宽度有 1000 个单位,高度有 500 个单位。

注意:

(1) ScaleWidth 和 ScaleHeight 是按照对象的内部尺寸来定义单位的,这些尺寸不包括边框厚度或菜单(或标题)的高度。因此,ScaleWidth 和 ScaleHeight 总是指对象内的可用空间的大小。内部尺寸和外部尺寸(外部尺寸由 Width 和 Height 指定)的区别,对于有宽厚边框的窗体特别重要。

(2) 内部尺寸与外部尺寸的度量单位也可不同。Width 和 Height 总是采用容器的度量单位;而 ScaleWidth 和 ScaleHeight 决定了对象本身的坐标比例尺,可由用户自定义。

3. 改变坐标系统的属性设置

通过对象的 ScaleTop、ScaleLeft、ScaleWidth、ScaleHeight 属性可以改变对象的坐标系统。所有的四个刻度属性都可包括分数,也可是负数。

ScaleTop、ScaleLeft 的值用于定义对象左上角坐标。ScaleLeft + ScaleWidth、ScaleTop + ScaleHeight 为对象的右下角坐标。

ScaleTop、ScaleLeft 值非零时,默认坐标系发生上下移动或左右平移。

ScaleWidth、ScaleHeight 确定对象坐标系 X 轴和 Y 轴的正方向和最大坐标值。缺省时它们的值均大于 0,表明 X 轴的正方向向右,Y 轴的正方向向下。

如果 ScaleWidth、ScaleHeight 的值为负,则 X、Y 轴的正方向与原来相反。

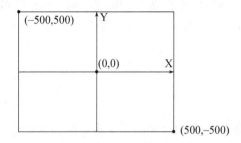

图 9.3　新建立的坐标系

例:图 9.3 坐标系统中的刻度如下所示:

Form. ScaleLeft = − 500　　　　　'窗体左上角坐标(−500,500)
Form. ScaleTop = 500
Form. ScaleWidth = 1000　　　　　'窗体右下角坐标(500,−500)
Form. ScaleHeight = − 1000

首先,由于 ScaleHeight 为负,Y 轴正向改为向上;此时,ScaleTop 为正,X 轴向下移动;ScaleLeft 为负,Y 轴向右平移。

4. 使用刻度方法 Scale 改变坐标系统

一个更有效的改变坐标系统的途径,不是设置个别属性,而是使用 Scale 方法。可使用下述的语法,指定自定义刻度:

［object.］Scale (x1, y1) − (x2, y2)

其中:

(1) object 可以是窗体、图片框、框架或打印机等对象。

(2) 参数(x1,y1)用于定义对象左上角坐标;(x2,y2)用于定义对象右下角坐标。

(3) 当 Scale 方法无参数时,则取消用户自定义的坐标系,采用缺省坐标系。

根据(x1,y1)、(x2,y2)可计算出 ScaleTop、ScaleLeft、ScaleWidth、ScaleHeight 的值:

ScaleLeft = x1
ScaleTop = y1
ScaleWidth = x2 − x1
ScaleHeight = y2 − y1

例如:Form1. Scale (−500,500) − (500,−500)

可建立如图 9.3 所示的坐标系,该语句定义窗体为 1000 单位宽和 −1000 单位高。指定 x1>x2 或 y1>y2 的值,与设置 ScaleWidth 或 ScaleHeight 为负值的效果相同。

9.2 绘图属性与颜色操作

9.2.1 绘图属性

1. CurrentX,CurrentY

此二属性用于设置窗体、图片框或打印机等对象在绘图或打印时的当前坐标。这两个属性设计时不可用。CurrentX、CurrentY 是当前坐标的水平位置和垂直位置。

从对象的左上角开始测量当前坐标,以 Twips 为缺省单位;或以 ScaleHeight、ScaleWidth、ScaleTop、ScaleLeft 和 ScaleMode 属性定义的新刻度来表示。

语法:

object.CurrentX [= x]

object.CurrentY [= y]

其中:

x:确定水平坐标的数值。无参数 x,y 时用于返回当前坐标值。

y:确定垂直坐标的数值。

用下面的图形方法时,CurrentX 和 CurrentY 的设置值按表 9.2 说明改变:

表 9.2 各种图形方法对应的 CurrentX,CurrentY 的设置值

图形方法	CurrentX,CurrentY 的值被设置为
Circle	对象的中心
Cls	0,0
EndDoc	0,0
Line	线终点
NewPage	0,0
Print	下一个打印位置
Pset	画出的点

2. DrawWidth 属性

设置图形方法输出时线的宽度。

语法:object.DrawWidth [=size]

其中:

object:用于绘图的容器对象。

size:取值范围从 1~32767 之间。单位:像素。缺省值为 1,即一个像素宽。

3. DrawStyle 属性

设置图形方法输出的线型样式。

语法:object.DrawStyle [=number]

其中 number 为指定线型号。

若 DrawWidth 属性设置为大于 1,DrawStyle 属性设置值为 1 到 4 会画一条实线,即当线宽大于 1 时,只能画实线或无线。若 DrawWidth 设置为 1,DrawStyle 产生的效果如表 9.3 中的各设置值所述。图 9.4 给出了 DrawStyle 各属性值对应的线的形状。

表 9.3　DrawStyle 属性的设置值

常数	设置值	描述
vbSolid	0	(缺省值)实线
vbDash	1	虚线
vbDot	2	点线
vbDashDot	3	点划线
vbDashDotDot	4	双点划线
vbInvisible	5	无线
vbInsideSolid	6	内收实线

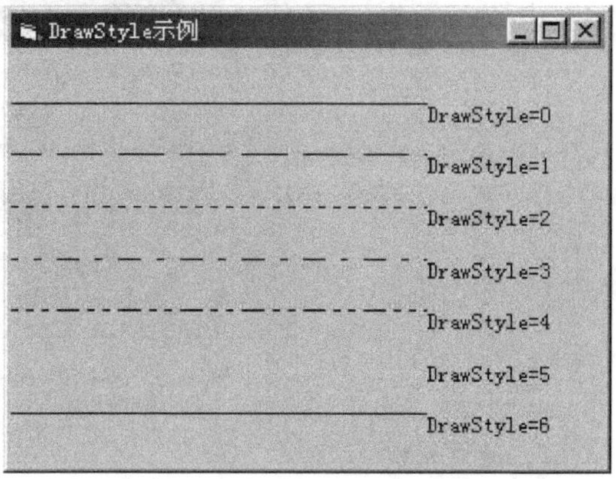

图 9.4　DrawStyle 属性值指定的线形

4. FillStyle 和 FillColor 属性

FillStyle 属性设置用来填充 Shape 控件、以及由 Circle 和 Line 图形方法生成的圆和方框的模式。

语法:object. FillStyle [= number]

其中 number 指定填充样式。表 9.4 列出了其设置值。图 9.5 显示的是不同的 FillStyle 属性值所对应的不同填充样式。

FillColor 用于指定填充图案的颜色。缺省情况下,FillColor 设置为 0(黑色)。除 Form 对象之外,如果 FillStyle 属性设置为缺省值 1(透明),则忽略 FillColor 设置值。

表 9.4　FillStyle 属性的设置值

常数	设置值	描述
vbFSSolid	0	实线
vbFSTransparent	1	(缺省值)透明
vbHorizontalLine	2	水平直线
vbVerticalLine	3	垂直直线
vbUpwardDiagonal	4	上斜对角线
vbDownwardDiagonal	5	下斜对角线
VbCross	6	十字线
vbDiagonalCross	7	交叉对角线

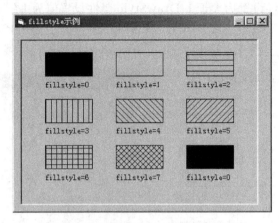

图 9.5　不同的 FillStyle 对应的不同样式

5. 应用举例

　　例 9.1　编程实现图 9.5 所示的画面。在窗体中设置一图片框 Picture1,当单击图片框时,则在图片框中绘制图形。程序代码如下:

```
Private Sub picture1_Click()
Dim ft As Integer                      'ft 变量用于保存 fillstyle 的设置值
ft = 0                                 '先设置 fillstyle 为 0
Picture1.Cls                           '清除图片框中所有内容
Picture1.ScaleMode = 7                 '设置坐标刻度为厘米
Picture1.ScaleHeight = 7               '设坐标系统高为 7 厘米
Picture1.ScaleWidth = 5                '设坐标系统宽为 5 厘米
For I = 0 To 2                         '外循环决定画矩形的行数
    For j = 0 To 2                     '内循环决定画矩形的列数
        Picture1.FillStyle = ft        '设置矩形的填充样式
        Picture1.Line    (j * 1.5 + 0.5, 2 * I + 0.5) _
        - (j * 1.5 + 1.5, 2 * I + 1.5), , B    '在图片框中等间距地画矩形
        Picture1.CurrentX = Picture1.CurrentX - 1    '设置当前坐标点
        Picture1.CurrentY = Picture1.CurrentY + 0.2
        Picture1.Print "fillstyle = " & ft    '在当前坐标点处显示说明字符串
        ft = ft + 1                    '修改 fillstyle 的值
        If ft > 7 Then ft = 0 '
    Next j
Next I
End Sub
```

9.2.2　颜色操作

　　在 Windows 中,通过设置值的改变,可以将屏幕显示的颜色调成 16 色、256 色、16 位色、24 位真彩色。不管使用哪一种显示模式,对计算机显示器或一般电视画面来说,都是运用三种原色:红色、蓝色和绿色。以黄色为例,就是利用等量的红色和绿色混合而成。

　　Visual Basic 混色的方式也是利用相同的原理,为用户提供了多种颜色方案:8 色、16

色、24 位色。用户可以利用 Visual Basic 提供的颜色常数及函数来指定所画图形使用的颜色。当未指定颜色时,Visual Basic 对所有的图形方法都使用对象的前景色(ForeColor 属性)。

在界面设计时,用户可以直接通过系统调色板来设定颜色;也可以不指定颜色值,而使用操作系统的颜色。如图 9.6 所示。

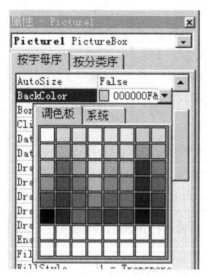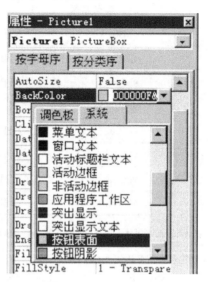

图 9.6　使用调色板和系统颜色

在运行时有 4 种方式可指定颜色值:

(1) 使用在"对象浏览器"中列出的内部常数之一。

(2) 直接输入一种颜色值。

(3) 使用 QBColor 函数,选择 16 种 QuickBasic 颜色中的一种。

(4) 使用 RGB 函数。

1. 使用颜色常数或颜色值

Visual Basic 系统提供 8 种内部颜色常数。无须声明,直接使用。

颜色值是一个四字节的整数,其取值范围为 &H0&～&HFFFFFF&(16,777,215)。对于这个范围内的数,其最高字节都是 0,而低三个字节则分别对应蓝、绿、红三种颜色值。蓝、绿、红三种成分都是用 &H0 到 &HFF(255)之间的数表示。

因此,可以用十六进制数按照下述语法来指定颜色:

&HBBGGRR&

其中,BB 指定蓝颜色的值,GG 指定绿色的值,RR 指定红颜色的值。每个数段都是两位十六进制数,即从 00 到 FF。中间值是 80。因此,下面的数值是这三种颜色的中间值,指定了灰颜色:

&H808080&

将第四个字节(最高字节)的最高位设置为 1,就改变了颜色值的含义:颜色值不再代表一种 RGB 颜色,而是代表可由 Windows"控制面板"指定的操作系统颜色。这些数值对应的系统颜色范围是从 &H80000000 到 &H80000018。

8 种颜色常数与颜色值之间的对应关系如表 9.5 所示：

例：Form1.BackColor＝vbGreen　　　'设置窗体的背景色为绿色

　　Text1.ForeColor＝&HFFFF00&　　'设置文本框的前景色为青色

2. QBColor 函数

表 9.5　8 种颜色常数与颜色值之间的对应关系

颜色常数	值	描述
vbBlack	&H0&	黑色
vbRed	&HFF&	红色
vbGreen	&HFF00&	绿色
vbYellow	&HFFFF&	黄色
vbBlue	&HFF0000&	蓝色
vbMagenta	&HFF00FF&	洋红
vbCyan	&HFFFF00&	青色
VbWhite	&HFFFFFF&	白色

QBColor 函数采用 Microsoft Quick Basic 语言所使用的 16 种颜色。

语法：QBColor(color)

其中，参数 color 是一个介于 0 到 15 的整数，每个整数代表一种颜色。表 9.6 列出了 color 参数的所有设置值。

例：Form1.BackColor＝QBColor(12)　　　'将窗体背景色设置为亮红色

3. RGB 函数

该函数通过红、绿、蓝三基本色混合产生某种颜色。

语法：RGB(red、green、blue)

其中参数含义如下：

red：取值范围从 0 到 255，表示颜色中的红色成份。

green：取值范围从 0 到 255，表示颜色中的绿色成份。

blue：取值范围从 0 到 255，表示颜色中的蓝色成份。

如果其中一个参数值超过 255 时，被当作 255。参数值的大小代表颜色的亮度，0 表示亮度最低，而 255 表示亮度最高。

表 9.7 显示一些常见的标准颜色，以及这些颜色的红、绿、蓝三原色的成分。

例：Form1.BackColor＝RGB(0,255,255)　　　'将窗体背景色设置为青色

| 表 9.6 参数 color 的设置值 ||||
值	颜色	值	颜色
0	黑色	8	灰色
1	蓝色	9	亮蓝色
2	绿色	10	亮绿色
3	青色	11	亮青色
4	红色	12	亮红色
5	洋红色	13	亮洋红色
6	黄色	14	亮黄色
7	白色	15	亮白色

| 表 9.7 常见标准颜色包含的三原色的成分 ||||
颜色	红色值	绿色值	蓝色值
黑色	0	0	0
蓝色	0	0	255
绿色	0	255	0
青色	0	255	255
红色	255	0	0
洋红色	255	0	255
黄色	255	255	0
白色	255	255	255

9.3 绘图方法

Visual Basic 提供的图形方法主要应用于窗体和图片框。

9.3.1 PSet 方法

PSet 方法用于在对象中画点,同时还可指定所画点的颜色。使用 PSet 的语法为:

object. PSet [step] (x,y) [,color]

其中:

(1) 当有 Step 时,指定(x,y)是相对于当前坐标点(CurrentX,CurrentY),而不是相对于窗体的原点(0,0)。

(2) (x,y)为所画点的坐标。

(3) color 为 long 型(长整型)数,为该点指定的 RGB 颜色。如省略,则使用当前的 ForeColor 属性值。可用 RGB 函数或 QBColor 函数指定颜色。

所画点的尺寸取决于 DrawWidth 属性值。当 DrawWidth 为 1,PSet 将一个像素的点设置为指定颜色。当 DrawWidth 大于 1,则点的中心位于指定坐标。

画点的颜色若采用背景颜色可清除某个位置上的点。

例:PSet(2000,3000),qbcolor(rnd * 15)

9.3.2 Line 方法

Line 方法用于在对象上画直线和矩形。

1. 语法

语法:object. Line [step] (x1,y1) −[step](x2, y2),[color],[B][F]

其中:

(1) object:可选的。如果 object 省略,具有焦点的窗体作为 object。

(2) Step:可选的。指定(x,y)是相对于当前坐标点(CurrentX,CurrentY),而不是相对于窗体的原点(0,0)。

（3）(x1，y1)：可选的。Single(单精度浮点数)，直线或矩形的起点坐标。ScaleMode属性决定了使用的度量单位。如果省略，线起始于由 CurrentX 和 CurrentY 指示的位置。

（4）Step：可选的。指定相对于线的起点的终点坐标。

（5）(x2,y2)：必需的。Single(单精度浮点数)，直线或矩形的终点坐标。

（6）color 可选的。Long(长整型数)，画线时用的 RGB 颜色。如果它被省略，则使用 ForeColor 属性值。可用 RGB 函数或 QBColor 函数指定颜色。

（7）B 可选的。如果包括，则利用对角坐标画出矩形。

（8）F 可选的。参数 F 必须与 B 一起使用。如果使用了 B 选项，则 F 选项规定矩形以矩形边框的颜色填充为实心。如果缺省 F 仅用 B，则矩形用当前的 FillColor 和 FillStyle 填充。FillStyle 的缺省值为 transparent。

注意：

画联结的线时，前一条线的终点就是后一条线的起点。线的宽度取决于 DrawWidth 属性值。这个方法不能用于 With－End With 语句块。

2. 画直线

当 Line 方法未使用参数 B 时，则只能画直线。

例：在窗体上画一条斜线。

    Line（1000,2000）－step(500,500)

其中 step 的作用使线的终点坐标是相对于起点(1000,2000)，即(x,y)坐标值分别增加 500 所得(1500,2500)为终点坐标。(500,500)起到线段长度的作用。

该语句等效于 Line(1000,2000)－(1500,2500)

3. 画矩形

当 Line 方法使用参数 B 时，则可画出矩形。

例：画一矩形，其左上角(500,500)，每边长为 1000Twip。

    Line（500,500）－step(1000,1000)，,b

例：画一实心方框，以默认的黑色填充矩形内部。

    Line（500,500）－step(1000,1000)，,bf

例：画一绿色实心方框。

    Line（2500，2500）－Step(1000，1000)，RGB(0，255，0)，BF

例 9.2 用 Line 方法结合绘图属性在窗体上画一个迷宫，如图 9.7 所示。

```
Private Sub Form_Click()
    Const length = 10                      '定义基本步长
    ScaleMode = 3                          '设置度量单位(ScaleMode)为像素
    cx = ScaleWidth / 2                    '水平中点坐标
    cy = ScaleHeight / 2                   '垂直中点坐标
    ForeColor = QBColor(5)                 '设置前景色
    DrawWidth = 2                          '设置线宽
    Line (cx, cy) - (cx - DrawWidth, cy)   '画初始线
    step = length                          '设置临时步长
    For i = 1 To 10
```

```
        cx = cx - step              '计算坐标
        Line -(cx, cy)              '向左画线
        cy = cy - step              '计算坐标
        Line -(cx, cy)              '向上画线
        step = step + length        '增加步长
        cx = cx + step              '计算坐标
        Line -(cx, cy)              '向右画线
        cy = cy + step              '计算坐标
        Line -(cx, cy)              '向下画线
        step = step + length        '增加步长
    Next i
    End Sub
```

说明：

本例循环体中的 Line 方法省略了(x1,y1)，则线段起始于(CurrentX,CurrentY)，即上一条 Line 方法所画直线的终点坐标。而窗体的初始(CurrentX,CurrentY)为(0,0)。

例 9.3　在窗体上绘制如图 9.8 所示的正弦曲线的一个周期(0°~360°)。程序代码如下：

```
    Private Sub Form_Click()
      Const pi As Single = 3.14159          '声明常量 PI
      Caption = "y=sin(x)"
      BackColor = vbWhite                   '设置窗体背景色
      DrawWidth = 3                         '边框线条宽度
      Line (0, 0)-(ScaleWidth, ScaleHeight),, B  '绘制边框
      '绘制水平坐标轴
      Line (0, ScaleHeight / 2)-(ScaleWidth, ScaleHeight / 2)
      drawwidht = 1                         '设置曲线宽度
      CurrentX = 0: CurrentY = ScaleHeight / 2  '曲线起始坐标
      For int1 = 0 To 360 Step 0.5          '绘制曲线
      Line -(ScaleWidth / 360 * int1, ScaleHeight / 2 * (1 - Sin(int1 / 180 * pi)))
      Next
      FontSize = 12                         '设置标注文字大小
      CurrentX = 30: CurrentY = 0           '文字的位置
      Print "1"                             '标注"0"
      CurrentX = 30: CurrentY = ScaleHeight / 2
      Print "0"
      CurrentX = 30: CurrentY = ScaleHeight - 250
      Print "-1"
      CurrentX = ScaleWidth / 2: CurrentY = ScaleHeight / 2
      Print "180"
      CurrentX = ScaleWidth - 400: CurrentY = ScaleHeight / 2
      Print "360"
      CurrentX = ScaleWidth / 2: CurrentY = ScaleHeight / 4
```

```
        Print "y = sin(x)"
    End Sub
```

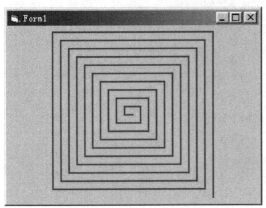

图 9.7　用 Line 方法绘制迷宫

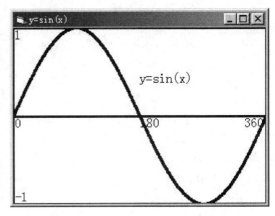

图 9.8　用 Line 方法绘制正弦曲线

9.3.3　Circle 方法

用于在对象上画圆、椭圆、扇形或弧。

1. 语法

　　〔object.〕Circle〔step〕(x,y)，radius,〔color〕〔,start〕〔,end〕〔,aspect〕

其中：

（1）object：可以是窗体、图形框。

（2）step：可选的。指定圆、椭圆或弧的中心坐标(x,y)，是相对于 object 的当前坐标（CurrentX，CurrentY）提供的坐标。

（3）(x,y)：圆、椭圆或弧的中心坐标。

（4）radius：圆、弧的半径，椭圆的长轴。

（5）color：圆轮廓的 RGB 颜色。如果它被省略，则使用 ForeColor 属性值。可用 RGB 函数或 QBColor 函数指定颜色。

（6）start：起点角度。End：终点角度。以弧度为单位，取值范围为 $-2\pi - 2\pi$。起点的缺省值是 0；终点的缺省值是 2π。

（7）aspect：画椭圆的必需参数。此值为椭圆的垂直长度与水平长度的比值。缺省值为 1.0，表示画圆。>1 时，垂直方向为长轴，<1 时，水平方向为长轴。

说明：

object 的 ScaleMode 属性决定了画图形时使用的度量单位。

想要填充圆，使用圆或椭圆所属对象的 FillColor 和 FillStyle 属性。只有封闭的图形才能填充。封闭图形包括圆、椭圆、或扇形。画圆、椭圆或弧时线段的粗细取决于 DrawWidth 属性值。

可以省略语法中间的某个参数，但不能省略分隔参数的逗号。最后一个参数后面的逗号是可以省略的。

2. 画圆和椭圆

画圆、椭圆时，Start 缺省值为 0，End 缺省值为 2π。画椭圆时，椭圆的纵横尺寸比值

aspect 应＞1 或＜1。

例 9.4 画图 9.9 所示的圆及椭圆。

```
Private Sub Form_Click()
'画圆,半径为 1000Twip,圆线颜色为红色
Circle (1500，1500)，1000，vbRed
'画椭圆,水平方向为 1000,垂直半径为水平半径的一半
Circle (1500，1500)，1000，vbBlue，，，0.5
'画椭圆,垂直方向为 1000,垂直半径为水平半径的三倍
Circle (1500，1500)，1000，vbBlack，，，3
End Sub
```

例 9.5 用 Circle 方法在窗体中央画许多同心椭圆。

```
Sub Form_Click()
    Dim CX，CY，Radius，Limit
    DrawWidth = 2
    ScaleMode = 3                    '以像素为单位。
    CX = ScaleWidth / 2             'X 位置。
    CY = ScaleHeight / 2            'Y 位置。
    If CX ＞ CY Then Limit = CY Else Limit = CX
    For Radius = 0 To Limit Step 10      '半径。
     Circle (CX，CY)，Radius，RGB(Rnd ＊ 255，Rnd ＊ 255，Rnd ＊ 255)，，，0.5
    Next Radius
End Sub
```

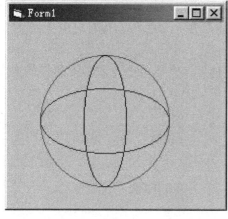

图 9.9 圆与椭圆显示画面

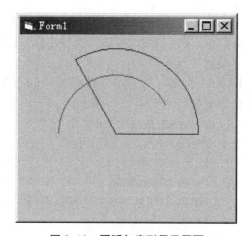

图 9.10 圆弧与扇形显示画面

3. 画圆弧和扇形图

画圆弧时,start,end 取值在 0～2π 之间。画扇形时,start,end 取值前加负号,负号表示画圆心到圆弧的径向线。

画角度为 0 的扇形时,要画出一条半径(向右画一水平线段),这时给 start 规定一很小的负值,不要给 0。

例 9.6 用 Circle 方法画图 9.10 所示的圆弧和扇形图。

```
Private Sub Form_Click()
  ' 画圆弧,从 π/6～π
  Circle (1500, 1500),900, vbRed,3.14/6,3.14
  ' 画扇形,从 0～2π/3
  Circle (1500, 1500), 1300, vbBlue, - 0.001, - 3.14 * 2/3
End Sub
```

9.3.4　Point 及 Cls 方法

Point 方法用来返回窗体或图片框上指定点的 RGB 颜色,返回的颜色以长整数表示。如果(x,y)坐标位于对象之外,point 方法返回 -1。语法为:

　　　object. point(x,y)

例如:

```
' 返回图片框上点(100,100)处的颜色
lngColor = picture1. point(100,100)
```

Cls 方法用来清除窗体或图片框上由 Pset、Line、Circle、PaintPicture 等方法输出的文字、图形和图像。清除之后 CurrentX 和 CurrentY 属性值都被设为 0。Cls 方法不会清除由窗体和图片框上由 Picture 属性设置的背景图像,更不会清除窗体或图片框上的控件对象。语法为:

　　　Object. Cls

9.4　图形绘制应用

VB 提供了相当强的绘图功能,可以在窗体或图形框中利用各种方法和属性绘制各种图形,灵活使用这些绘图方法及属性不仅可以完成许多特殊的功能,而且可以为程序界面增加许多活力。

例 9.7　绘制一个具有立体感效果的三角锥体。该锥体是由许多密集的斜线构成的,立体效果是通过不同的颜色形成的。程序运行结果如图 9.11 所示。

```
Private Sub Form_Click()
  Dim m, n
  Picture1. DrawWidth = 1              ' 线宽为 1
  Picture1. DrawStyle = 0             ' 实线
  Picture1. BackColor = RGB(210, 150, 0)       ' 设置背景色
  Picture1. Cls
  m = 2200: n = 500              ' 锥体的顶点坐标
  For i = 0 To 1200             ' 本循环用来画出一个具有立体感效果的三角锥体
    Picture1. Line (m, n + 2.5 * i)-(m + i / 2, n + 2 * i), RGB(180, 180, 180)
    Picture1. Line (m, n + 2.5 * i)-(m - i / 2, n + 2 * i), RGB(80, 80, 80)
  Next i
End Sub
```

例 9.8　以蓝天白云为背景,显示地球围绕太阳旋转的画面。

设计此动画的思路如下:建立一个图片框,它的大小与窗体相同,调入蓝天白云图形。

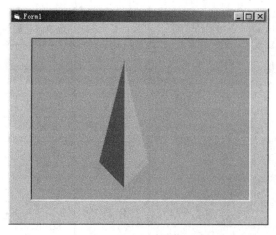

图 9.11 三角锥体

再建立两个图像框,分别装入太阳和地球的图形。用计时器的 Timer 事件来控件地球作圆周运行。

程序界面设计如图 9.12 所示,属性设置情况见表 9.8。

```
Private Sub Form_Load()
'将图像框 ImgSun 放到窗体中心
imgsun.Top = Height / 2 - imgsun.Height / 2
imgsun.Left = Width / 2 - imgsun.Width / 2
Imgearth.Picture = LoadPicture("d:\program files\microsoft visual studio\common_
\graphics\icons\elements\earth.ico")
imgsun.Picture = LoadPicture("d:\program files\microsoft visual studio\common_
\graphics\icons\elements\sun.ico")
End Sub
Private Static Sub Timer1_Timer()          '静态过程
r = 2000                                   '地球图像旋转的圆周半径
x = Cos(i) * r + Width / 2 - Imgearth.Width / 2
y = Sin(i) * r + Height / 2 - Imgearth.Height / 2
Imgearth.Move x, y                         '移动地球图像至(x,y)
i = i + 0.1                                 '地球每次移动的弧度
End Sub
```

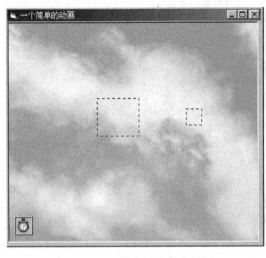

图 9.12　设计态时的程序界面

表 9.8　属性设置情况表

对象	属性	属性值
窗体	Caption	一个简单的动画
计时器	Interval	100
图片框	Picture	C:\windows\clouds. bmp
图像框 1	Name	ImgSun
	Stretch	True
图像框 2	Name	ImgEarth
	Stretch	True

9.5　绘图控件

可用 Shape 控件和 Line 控件在窗体、框架或图片框中创建矩形、正方形、椭圆形、圆形、圆角矩形、圆角正方形和线段。所创建的图形或线段只能作为某种装饰，也就是说，它们不支持任何事件。

9.5.1　Shape 控件 ◎

Shape 控件主要属性表 9.9 所示。

表 9.9　Shape 的主要属性

属性名	功能
Shape	设置图形种类
BackColor	设置图形背景色
FillColor	设置图形填充色
FillStyle	设置图形底纹
BorderColor	设置图形边框颜色
BorerWidth	设置图形边框宽度

其中的 Shape 属性提供了六种预定义的形状。表 9.10 列出 Shape 属性的设置值和相应的 Visual Basic 常数，它们所对应当图形如图 9.13 所示。

表 9.10　Shape 属性值对应可绘制的图形

设置值	形状	常数
0 - Rectangle	矩形(缺省值)	vbShapeRectangle
1 - Square	正方形	vbShapeSquare
2 - Oval	椭圆	vbShapeOval
3 - Circle	圆	vbShapeCircle
4 - RoundedRectangle	圆角矩形	vbShapeRoundedRectangle
5 - RoundedSquare	圆角正方形	vbShapeRoundedSquare

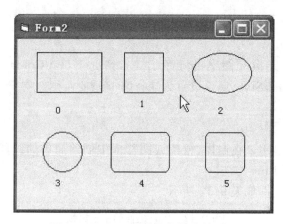

图 9.13　Shape 属性值与输出的图形

表 9.11　FillStyle 属性的设置值

设置值	形状	常数
0-Solid	实线	vbFSSolid
1-Transparent	(缺省值)透明	vbFSTransparent
2-Horizontal Line	水平直线	vbHorizontalLine
3-Vertical Line	垂直直线	vbVerticalLine
4-Upward Diagonal	上斜对角线	vbUpwardDiagonal
5-Downward Diagonal	下斜对角线	vbDownwardDiagonal
6-Cross	十字线	VbCross
7-Diagonal Cross	交叉对角线	vbDiagonalCross

FillStyle 属性用来设置填充 Shape 控件生成的圆和方框的样式。

表 9.11 列出了其设置值。图 9-14 显示的是不同的 FillStyle 属性值所对应的不同填充样式。

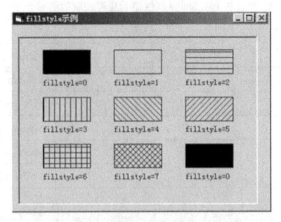

图 9.14　不同的 FillStyle 对应的不同填充样式

FillColor 用于指定填充图案的颜色。缺省情况下，FillColor 设置为 0（黑色）。除 Form 对象之外，如果 FillStyle 属性设置为缺省值 1（透明），则忽略 FillColor 设置值。

9.5.2　Line 控件

Line 控件的作用是用来在窗体、框架或图片框中创建简单的线段。功能有限，若要完成高级的功能，可使用 Line 方法。

Line 控件的常用属性如表 9.12 所示。

表 9.12　Line 控件的主要属性

属性名	功能
BorderColor	设置线段的颜色
BorderStyle	设置线段的样式
BorderWidth	设置线段的宽度
X1	线段起点的 X 坐标
Y1	线段起点的 Y 坐标
X2	线段终点的 X 坐标
Y2	线段终点的 Y 坐标

Line 控件有 X1，X2，Y1，Y2 四个属性，没有 Left，Top，Width，Height 这四个属性。可通过调整 X1，X2，Y1，Y2 四个属性的值，来改变线条的位置和形状。

改变 BorderStyle 属性值，可以得到不同样式的线段，如表 9.13 所示。

表 9.13　BorderStyle 属性值与对应的样式

属性值	样式
0-Transparent	透明线
1-Solid	实线
2-Dash	虚线
3-Dot	点线
4-Dash-Dot	点划线
5-Dash-Dot-Dot	双点划线
6-Inside Solid	内实线

例 9.9 水平运动的小球。小球每隔 1 秒钟水平位置变化 1 次,同时其填充风格在 0～7 之间进行随机变化。

各控件的属性设置如表 9.14 所示,窗体设计效果如图 9.15 所示。

表 9.14　对象属性设置值

对象	属性	值
Form1	Caption	水平运行的小球
Command1	Caption	开始
Timer1	Interval	1000
	Enabled	False
Shape1	Shape	3 - Circle
	FillStyle	0 - Solid
	FillColor	&H000000FF&

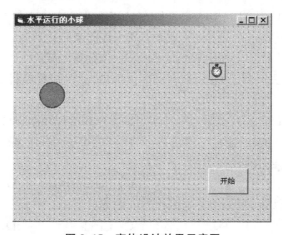

图 9.15　窗体设计效果示意图

代码:

```
Private Sub Command1_Click()
```

```
        If Command1.Caption = "开始" Then
            Timer1.Enabled = True
            Command1.Caption = "停止"
        Else
            Timer1.Enabled = False
            Command1.Caption = "开始"
        End If
    End Sub
    Private Sub Timer1_Timer()
        Shape1.FillStyle = Int(8 * Rnd)
        Shape1.Left = Shape1.Left + 100
        If Shape1.Left > Form1.Width Then Shape1.Left = 0
    End Sub
```

习　题　9

一、单项选择题

1. 在程序代码中分别将属性 ScaleTop、ScaleLeft、ScaleHeight、ScaleWidth 设置为 5，
−8，−10,16,则为对象所建立的用户自定义坐标系左上角坐标为(　　　)。

　　A.(5,−8)　　　　B.(−10,16)　　　C.(−8,5)　　　　D.(16,−10)

2. 语句 Form1.Scale(−500,500)−(500,−500)所建立的坐标系中,Y轴正向向(　　　)。

　　A. 上　　　　　　B. 下　　　　　　C. 左　　　　　　D. 右

3. 当连续执行完语句 PSet(2000,2000),vbRed 和 Line −(3000,3000)后,则
(CurrentX,CurrentY)坐标值为(　　　)。

　　A.(2000,2000)　　　　　　　B.(1000,1000)
　　C.(3000,3000)　　　　　　　D.(5000,5000)

4. 语句 Line(2000,2000)−(3000,3000),vbBlue,BF 所绘图形为(　　　)。

　　A. 蓝色蓝心矩形　　　　　　B. 蓝框空心矩形
　　C. 蓝色直线　　　　　　　　D. 黑框蓝心矩形

5. 通过 Circle 方法绘制一椭圆,欲在椭圆内部填充红色,现已将 FillColor 属性设置为
vbred,还应将 FillStyle 属性设置为(　　　)。

　　A. 0(vbFSSolid)　　　　　　B. 1(vbFSTransparent)
　　C. 2(vbHorizontalLine)　　　D. 3(vbVerticalLine)

6. 下面哪一类对象具有绘图方法(　　　)。

　　A. Image　　　　B. Line　　　　C. PictureBox　　　D. Frame

7. 下列窗体的方法中,哪一个不能画出实际内容(　　　)。

　　A. Line　　　　B. Pset　　　　C. Circle　　　　D. Point

8. 如果在图片框上使用绘图方法绘制一个圆,则图片框的属性中,哪个不会对此圆的
外观产生影响(　　　)。

　　A. BackColor　　　B. ForeColor　　　C. DrawWidth　　　D. DrawStyle

9. 如果用长整数 &HFF0000& 来表示颜色,则此颜色为(　　　)。

　　A. 红色　　　　　　B. 黄色　　　　　　C. 蓝色　　　　　　D. 绿色

10. 调用一次 Circle 方法,不能绘制出下面哪个图形(　　　)。

　　A. 圆弧　　　　　　B. 椭圆弧　　　　　　C. 扇形　　　　　　D. 螺旋线

二、填空题

1. Visual Basic 使用的缺省度量单位是 Twip(缇),每英寸等于_____ Twip。

2. 语句 Form1. Scale(-500,500) - (500, -500)所建立的坐标系中,其坐标原点位于屏幕_____,而 VB 默认的坐标系统是以屏幕_____为坐标原点的。

3. 语句 Line (2000,2000) - Step(1000,1000),, B 执行后,(CurrentX, CurrentY)坐标值为_____。

4. Circle 方法中的参数 start 用于指定起始角度,end 用于表示终止角度。当在二者之前加一负号时是画_____形,不加负号时,画_____形。

5. 语句 Circle (2000,2000),1000, vbRed,,,0.5 所绘制的图形为一椭圆,其中参数0.5 的含义是_____。

6. 当执行完 Circle (2000,2000),1000 语句后,紧接着执行 Print "Welcome"语句,则"Welcome"字符串的输出坐标位置为_____。

第 10 章　Visual Basic 数据库编程基础

VB 中的数据库编程就是创建数据访问对象,这些数据访问对象对应于被访问物理数据库的不同部分,如数据库,表字段,索引等,同时用这些对象的属性和方法来实现对数据库的操作,以便在 VB 窗体中使用绑定和非绑定控件来显示操作结果并接收用户输入。

早期的 Visual Basic 数据访问工具是简单的 ASCII 文件访问工具。在 Visual Basic 3.0 时代,许多用户强调 ISAM(Indexed Sequential Access Method,索引顺序存取法)数据,为此 Microsoft 设计了 Microsoft Jet Database Engine(或简称为 Jet)和 DAO(Data Access Object),使得 Visual Basic Access 开发人员很容易地同 Jet 接口,其操作针对记录和字段,主要用于开发单一的数据库应用程序。随着使用者需求的不断改变,Visual Basic 又包含了更快的访问远程数据和对 ODBC 数据源访问的优化,出现了新的数据库接口 RDO(Remote Data Object),它是访问关系型 ODBC 数据源的最佳界面接口,其操作针对行和列。

ADO(ActiveX Data Objects)作为另一种可供选择的技术出现,正在逐渐代替其他数据访问接口。ADO 比 DAO 和 RDO 具有更好的灵活性,更易使用,实现的功能也更全面。本章主要介绍利用 ADO Data Control(简写为 Adodc)数据控件开发数据库应用程序的一般方法。

10.1　VB 数据库应用程序

10.1.1　引例——学生基本信息管理

VB 设计的应用程序,可能涉及数据的处理和保存,当数据量不太大或数据关系比较简单时,例如在线人数的记录可以使用数据文件来保存。而对于大多数管理信息系统,例如铁路售票系统、档案信息管理,需要采用数据库技术来存储管理数据。使用 VB 可以建立访问数据库的应用程序,这样的程序可以显示、编辑和更新数据库中的信息。

用 VB 开发数据库应用系统,通常可以划分为以下 3 个主要步骤。

(1) 设计数据库

设计数据库是指对于一个给定的应用环境,构造最优的数据模式,建立数据库,使其能够有效地存储数据记录,并能满足各种应用需求。数据库的设计通常可以通过相关的数据库管理系统(DBMS)来实现,常用的 DBMS 有 Access、SQL-Server、Oracle、MySQL 等类型。

(2) 设计用户界面

对使用应用系统的用户而言,用户界面就是应用系统。用户直接操作的是应用系统的用户界面,对应用系统执行的程序代码,用户不必关心,也感觉不到。因此,应用系统的可用性和友好性依赖于用户界面设计。

（3）编写程序代码

设计完用户界面后，需要编写程序代码。由于 VB 提供了强有力的数据库存取能力，只需要使用少量的代码就可以实现下列操作：

① 与数据库建立连接。

② 打开指定的数据表或对连接的数据库执行 SQL 查询。

③ 把数据字段传送给各种绑定控件，并可在绑定控件中显示或修改数据字段的值。

④ 根据绑定控件中数据的变化，添加新记录或更新数据库。

⑤ 捕获访问数据时出现的错误。

⑥ 关闭数据库。

下面通过一个例子来了解 VB 创建数据库应用程序的过程。

例 10.1　编写一个简单的学生基本情况管理系统，使其具备数据输入、修改、删除和浏览功能，用 Access 数据库存放学生基本情况的数据，采用网格形式显示数据。程序运行效果如图 10.1 所示。

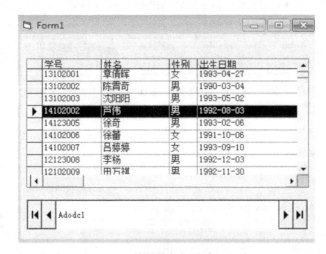

图 10.1　简单的数据库应用程序

（1）数据库设计

首先需要分析学生基本情况所涉及的数据。在本例中假定要跟踪的信息项如表 10.1 所示。

表 10.1　学生基本情况信息项

字段名	字段类型	字段大小	字段名	字段类型	字段大小
学号	文本型	8	出生日期	日期型	10
姓名	文本型	10	专业	文本型	30
性别	文本型	1	照片	OLE 对象	

使用 Microsoft Access 建立一个名为 Student.mdb 的数据库，然后在 Student.mdb 中建立一个表，该表名为"基本情况"，表结构如表 10.1 所示。

为了本章其他案例的需要，在 Student.mdb 中再建立一个名为"成绩表"的表，结构如表 10.2 所示。

表 10.2　成绩表结构

字段名	字段类型	字段大小	字段名	字段类型	字段大小
学号	文本型	8	成绩	数值型	单精度
课程	文本型	10	学期	文本型	4

（2）用户界面设计

为实现本程序的功能，需要使用 ADO Data Control 和 DataGrid 两个控件。ADO Data Control 和 DataGrid 都属于 ActiveX 控件，不在原有的工具箱中，使用前需要额外添加，以便在工程中使用。单击"工程|部件"菜单项，打开"部件"对话框，选定所需要的控件并确定，即可将其添加在工具箱中，如图 10.2 所示。

将 Adodc 数据控件与 DataGrid 控件添加到窗体上，如图 10.3 所示，Adodc 数据控件默认名为 Adodc1。

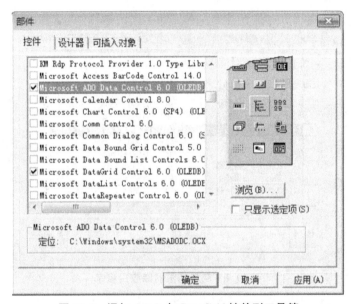

图 10.2　添加 Adodc 与 DataGrid 控件到工具箱

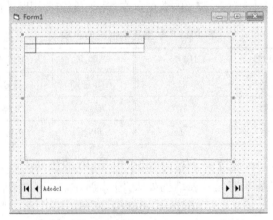

图 10.3　窗体上的 Adodc 与 DataGrid 控件

（3）连接数据库获取数据

Adodc 数据控件具有打开数据库的能力，通过设置控件属性就可以连接到 Student.
mdb 数据库。数据控件属性设置方法如下：

鼠标右键单击 Adodc 控件，选择快捷菜单中的"ADODC 属性"命令，打开控件属性页
对话框，如图 10.4 所示。

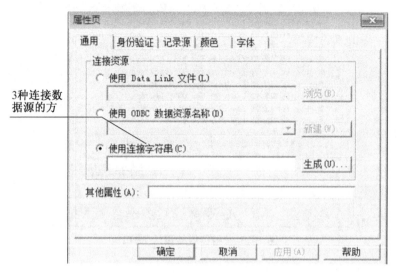

图 10.4　"属性页"对话框

① 连接数据库

• 选择数据资源连接方式

通用选项卡内提供了 3 种数据源的连接方式，常规下选取"使用连接字符串"方式。连
接字符串包含了用于与数据源建立连接的相关信息。

• 选择数据库类型

单击图 10.4 的"生成"按钮，打开如图 10.5 所示的数据链接属性窗口，OLE DB 提供程
序决定了将使用的数据库类型，它是所对应的某种类型数据库的驱动程序。连接 Access
2000 及更高版本的数据库，需要选择 Microsoft Jet 4.0 OLE DB Provider。

图 10.5 "数据链接属性"窗口

- 指定数据库文件名

在选择了 OLE DB 提供者后,单击"下一步"或选择"连接"选项卡,进入图 10.6 所示的对话框,选择数据库文件 Student. mdb。为保证连接有效,可单击右下方的"测试连接"按钮,如果测试成功则关闭该对话框,返回到图 10.4 所示的属性页对话框。

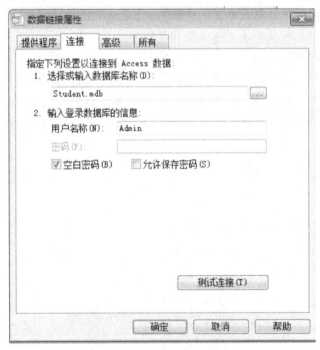

图 10.6 指定数据库文件名

注意：

图 10.6 中数据库名称前无目录路径，形成相对路径。所设计的窗体文件与数据库文件在同一个文件夹内，这样，当程序和数据库文件放置在任何一个文件夹内时，都能正确连接该数据库。

完成连接设置后，ConnectionString 属性的内容为：

Provider = Microsoft. Jet. OLEDB. 4. 0；Data Source = Student. mdb；Persist Security info = False

它由三部分组成：Provider 指定连接提供程序的名称；Data Source 用于指定要连接的数据源文件；Persist Security Info 表示是否保存密码，该部分可以不设置。

该属性值使得 Adodc1 控件可借助 Microsoft. Jet. OLEDB. 4. 0 驱动程序打开 Student. mdb 数据库。

② 获取纪录源

选择图 10.4 中的"纪录源"选项卡，弹出纪录源属性页对话框，如图 10.7 所示。

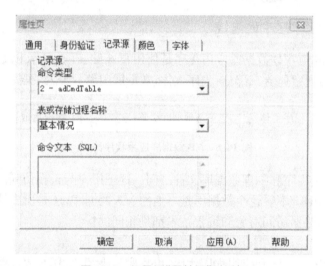

图 10.7　纪录源"属性页"对话框

其中，"命令类型"下拉列表框指定用于获取纪录源的命令类型。在列表中选择"2 - adCmdTable"选项（表类型）。"表或存储过程名称"框指定具体可访问的纪录源，本例选择"基本情况"表。

设置完成后，CommandType 属性内容为"2 - adCmdTable"，RecordSource 属性的内容为基本情况。表示数据控件直接对"基本情况"表进行操作，返回该表所有记录的数据，并将这些数据构成记录集对象 Recordset。

（4）数据显示设置

数据控件不具备数据显示的功能，需要借助网格控件 DataGrid 来实现。选定 DataGrid 控件，将 DataSource 属性设置为 Adodc1 控件名，就可将 Adodc 控件所返回的记录集绑定到网格上。

（5）新增、修改、删除功能设置

将 DataGrid 控件的 AllowAddNew、AllowDelete、AllowUpdate 属性设置为 True，当程序运行时就具有新增、修改、删除记录的功能。

在程序运行时新增、修改、删除记录的操作方法如下(可参见图 10.1)

① 导航

Adodc 控件上的 4 个箭头为数据库的导航装置,使用箭头按钮可遍历所有记录。单击最左边的箭头移动到数据库的第一条记录,最右边的箭头移动到数据库的最后一条记录,中间两个箭头分别移动到前一条记录或后一条记录。

② 新增

有 * 标志的行,可以输入新记录。在输入数据后,只要移动记录指针就可将记录写入数据库。

③ 修改

直接改变网格内的值,只要移动记录指针,即可将修改后的数据存入数据库中。

④ 删除

鼠标单击网格左侧的█标志,选中该记录,按 Del 键即可删除所选记录。

10.1.2　数据库应用程序的组成

通过引例可以知道 VB 数据库应用程序是使用户能够获取、显示和更新由某种 DBMS 所管理数据的程序,通常包含三部分:程序主体;数据库引擎;物理数据库,如图 10.8 所示。

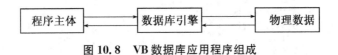

图 10.8　VB 数据库应用程序组成

数据库引擎位于程序和物理数据库文件之间。这把用户与正在访问的特定数据库隔离开来,实现"透明"访问。不管这个数据库是本地的 VB 数据库,还是所支持的其他任何格式的数据库,所使用的数据访问对象和编程技术都是相同的。

(1) 程序主体

程序主体包括用户界面和应用程序代码,由程序员来编写,用户界面是用户所看见的用于交互的界面,它包括显示数据并允许用户查看或更新数据的窗体。驱动这些窗体的是应用程序的 VB 代码,包括用来请求数据库服务的数据访问对象和方法,比如添加或删除记录,或执行查询等。

(2) 数据库引擎

每种数据库的数据格式、内部实现机制都是不同的,要利用一种开发工具访问一种数据库,就必须通过一种中介程序,这种开发工具与数据库之间的中介程序就叫数据库引擎。

数据库引擎位于程序主体和物理数据库文件之间。把用户与正在访问的特定数据库隔离开来,实现"透明"访问。数据库引擎是数据库驱动程序,在运行时,数据库引擎文件被链接到 VB 程序。它把应用程序的请求翻译成对 Access 或其他数据库的物理操作。它真正读取、写入和修改数据库,并处理所有内部事务,如索引、锁定、安全性和引用完整性。引擎包含一个查询处理器,接收并执行 SQL 查询,实现所需的数据库操作。另外,它还包含一个结果处理器,用来管理查询所返回的结果。

(3) 物理数据库

物理数据库是包含数据库表的一个或多个文件。对 Access 数据库来说,就是 .mdb 文件。对于 ISAM 数据库，它可能是包含.dbf（dBASE 文件后缀）文件或其他扩展名的文件。或者，应用程序可能会访问保存在几个不同的数据库文件或格式中的数据。但无论在什么情况下，数据库本质上都是被动的，它包含数据但不对数据作任何操作。数据操作是数据库引擎的任务。

10.1.3　OLE DB 引擎与用户接口

1. OLE DB 数据库引擎

VB 6.0 系统内置了 OLE DB 数据库引擎。OLE DB 是 Microsoft 推出的一种数据访问模式。它提供数据存取方法而不考虑试数据源是什么。OLE DB 能够为任何数据源提供高性能的访问，这些数据源包括各种关系数据库、Excel 表格、电子邮件系统、图形格式、文本文件等数据资源。

OLE DB 由两个构件组成：OLE DB 提供者（OLE DB Provider）和 OLE DB 使用者（OLE DB Consumer）。使用者就是那些需要访问数据的应用程序，提供者负责访问数据源，并通过 OLE DB 接口向使用者提供数据的软件组件。

2. ADO 对象

ADO（ActiveX Data Objects）数据访问技术，是为 OLE DB 而设计的数据访问接口，使应用程序能通过任何 OLE DB 提供者来访问和操作数据库中的数据。ADO 对象实质上是一种访问各种数据类型的连接机制，通过其内部的属性和方法提供统一的数据访问接口。

ADO 对象模型主要由 Connection、Command 和 Recordset 三个对象成员，以及几个集合对象组成。图 10.9 示意了这些对象之间的关系。

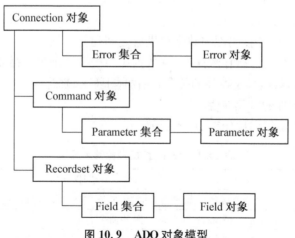

图 10.9　ADO 对象模型

3. ADO 与数据库的关系

VB 数据库应用程序访问数据库：首先使用 ADO 对象与数据库建立连接，然后使用命令对象发出 SQL 命令，从数据库中选择数据构成记录集，最后应用程序对记录集进行操作。

记录集是内存中来自基本表或命令执行的结果的集合，它也由记录（行）和字段（列）构成，可以把它当作一个数据表来进行操作。

数据库应用程序、ADO 对象与数据库之间的关系如图 10.10 所示。

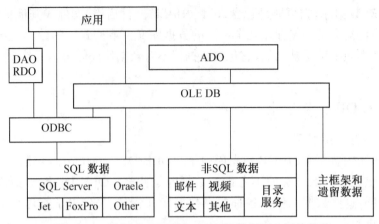

图 10.10　数据库应用程序、ADO 与数据库之间的关系

10.2　VB 数据库访问

10.2.1　Adodc 数据控件

为了便于用户使用 ADO 数据访问技术，VB 6.0 提供了一个 Adodc 控件，它将 ADO 对象的主要操作封装在控件内，有一个易于使用的界面，可以用较少的代码创建数据库应用程序，允许将 Visual Basic 的窗体与数据库方便地进行连接。

使用 Adodc 数据控件获取数据库中记录的集合，通常需要进过以下几步：

① 在窗体上添加 Adodc 控件。

② 通过 Adodc 控件连接属性与数据提供者之间建立连接。

③ 使用 ADO 命令对象操作数据源，从数据源中产生记录集并存放在内存中。

④ 建立记录集与数据绑定控件的关联，在窗体上显示数据。

1. Adodc 数据控件的常用属性

Adodc 数据控件常用属性如表 10.3 所示。

表 10.3　Adodc 数据控件常用属性

属性	描述
ConnectionString	包含用于连接数据源的相关信息，使连接概念得以具体化
CommandType	指定 RecordSource 获取数据源的命令类型
RecordSource	确定具体可访问的数据来源，这些数据构成记录集对象 Recordset。该属性值可以是数据库中的单个表名，也可以是一个 SQL 语言的查询字符串
Recordset	ADO 控件实际可操作的记录集对象，是一个如电子表格结构的集合。该属性只能在程序运行时使用，通过 Recordset. Fields("字段名")获得字段值
EOFAction BOFAction	当记录指针指向记录集对象的开始（第一个记录前）或结束（最后一个记录后）时，数据控件的 EOFAction 和 BOFAction 属性值决定了数据控件要采取的操作。当设置 EOFAction 为 2(adDoAddNew)时，记录指针到达记录集的结束处，在记录集末尾自动加入一条空记录，在输入数据后，只要移动记录指针就可以将新记录写入数据库。

与数据库的连接及从数据库中选择数据构成记录集,其核心是设置 Adodc 控件的 ConnectionString、CommandType 和 RecordSource3 个属性,典型的 ConnectionString 属性值如下所示:

　　　Provider = Microsoft. Jet. OLEDB. 4. 0;Data Source = mdb 文件名;

其中 Provider 指定连接提供程序的名称;Data Source 指定要连接的数据源文件。

CommandType 属性常用值为 2 或 8,其取值含义如表 10.4 所示。

表 10.4　CommandType 属性

属性值	常量	描述
1	adCmdText	RecordSource 设置为命令文本,通常使用 SQL 语句
2	adCmdTable	RecordSource 设置为单个表名
4	adCmdStoredProc	RecordSource 设置为存储过程名
8	adCmdUnknown	命令类型未知,RecordSource 通常设置为 SQL 语句

例如,获取"基本情况"表中的全部数据,则设置 CommandType 属性值为 2, RecordSource 属性为"基本情况";若要用所有物理专业的学生数据构成记录集对象,则设置 CommandType 属性值为 8,RecordSource = "Select * From 基本情况 Where 专业 = '物理'"。

2. Adodc 数据控件的事件和方法

(1) WillMove 事件与 MoveComplete 事件

当用某种方法改变记录集的指针使其从一条记录移到另一条记录,会产生 WillMove 事件。MoveComplete 事件发生在一条记录成为当前记录后,它出现在 WillMove 事件之后。

(2) Refresh 方法

Refresh 方法用于刷新 Adodc 数据控件的连接属性,并能重建记录集对象。

当在运行状态改变 Adodc 数据控件的数据源连接属性后,必须使用 Refresh 方法激活这些变化。

例 10.2　在例 10.1 的基础上添加两个命令按钮,通过单击不同的命令按钮,在数据网格显示 Student. mdb 数据库中基本情况表或成绩表的内容,如图 10.11 所示。

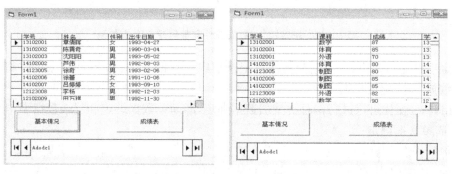

图 10.11　Refresh 方法的使用

参照例 10.1 的操作,将 Adodc1 数据控件连接到数据库 Student. mdb,指定纪录源为"基本情况"表(也可以指定成绩表),作为默认设置。

设置 DataGrid 控件的 DataSource 属性为 Adodc1,使网格能显示当前记录集的内容。

为了能用一个数据网格控件显示不同的表,只要改变 Adodc1 所产生的记录集对象。为此,可在程序运行状态设置 Adodc1 数据控件的 RecordSource 属性,并用 Refresh 方法刷新,重建控件的记录集对象。程序代码如下:

```
Private Sub command1_Click()
    Adodc1. RecordSource = "基本情况"
    Adodc1. Refresh
End sub
Private Sub Command2_Click()
    Adodc1. RecordSource = "成绩表"
    Adodc1. Refresh
End Sub
```

注意:

如果不使用 Refresh 方法,内存中的记录集的内容不发生变化。

10.2.2　数据绑定

1. 数据绑定的含义

在 VB 中,Adodc 数据控件不能直接显示记录集对象中的数据,必须通过能与其绑定的控件来实现。绑定控件是指任何具有 DataSource 属性的控件。

数据绑定是一个过程,即在运行时绑定控件自动连接到 Adodc 控件生成的记录集中的某字段,从而允许绑定控件上的数据与记录集数据之间自动同步。绑定控件、数据控件和数据库三者的关系如图 10.12 所示。

图 10.12　绑定控件、数据控件和数据库三者的关系

绑定控件通过 Adodc 数据控件使用记录集内的数据,再由 Adodc 数据控件将记录集连接到数据库中的数据表。

Windows 窗体可以进行两种类型的数据绑定,即简单数据绑定和复杂数据绑定。

2. 简单数据绑定

简单数据绑定就是将控件绑定到单个数据字段。每个控件仅显示记录集中的一个字段值。要使绑定控件能自动连接到记录集的某个字段,通常需要对控件的两个属性进行设置:

① DataSource 属性:通过指定一个有效的 Adodc 数据控件将绑定控件连接到数据源。

② DataField 属性：设置记录集中有效的字段使绑定控件与其建立联系。

最常用的数据绑定是使用文本框和标签。在窗体上要显示 n 项数据，就需要使用 n 个绑定控件。下面通过建立学生基本情况信息窗来说明数据绑定的操作过程。

例 10.3　设计一个窗体，用以浏览 Student.mdb 数据库中"基本情况"表的内容，如图 10.13 所示。

图 10.13　简单数据绑定

① 界面设计

在窗体上添加 Adodc 数据控件、3 个文本框、1 个组合框、1 个日历控件 DTPicker、5 个标签控件。标签控件分别给出相关的说明。

注意：

使用日历控件 DTPicker 需要通过"工程|部件"菜单项，打开"部件"对话框，选定 Microsoft Windows Common Controls-2 6.0 控件，添加到工具箱。

② 建立连接和产生记录集

参照例 10.1 中的数据控件连接设置操作，将 Adodc1 数据控件连接到数据库 Student. mdb，纪录源为"基本情况"表。

③ 数据绑定

将 3 个文本框控件 Text1～Text3 的 DataSource 属性都设置成 Adodc1。通过单击这些绑定控件的 DataField 属性上"…"按钮，下拉出基本情况表所含的全部字段，如图 10.14 所示。分别选择与其对应的字段，使之建立约束关系。

如果要控制绑定控件数据的显示格式，可对绑定控件的 DataFormat 属性（图 10.14 中 DataField 属性的下一行）进行设置，例如指定数值的小数位、日期格式等。

组合框和日历控件的绑定操作与文本框相同，不再赘述。

程序运行后，可以使用数据控件对象上的 4 个箭头按钮遍历整个记录集。在浏览数据时，若改变了某个字段的值，只要移动记录，即可将修改后的数据存入数据库中。

如果在设计时将 Adodc 数据控件的 EofAction 属性设置为 2(adDoAddNew)，则应用程序就具有添加新记录的功能。当记录指在最后一条记录上时，再单击下一条记录按钮，即可进入到增加记录的状态。

图 10.14　纪录源提供的字段

3. 复杂数据绑定

复杂数据绑定允许将多个数据字段绑定到一个控件,同时显示记录集中的多行或多列。常用的支持复杂数据绑定的控件如表 10.5 所示。

表 10.5　常用复杂数据绑定控件

控件对象	绑定设置	描述
DataGrid	DataSource = Adodc 控件名	绑定整个记录集的文本内容,具有编辑操作功能
MSHFFlexGrid		绑定整个记录集,具有图形显示和文本编辑功能
DataComboDataList	RowSource = Adodc 控件名 ListField = 字段(显示) BoundColumn = 字段(输出)	绑定记录集的某一个字段,显示记录集中的多行

例 10.4　设计窗体,在数据网格显示 Student. mdb 数据库中基本情况表内男生的姓名、学号、性别和出生日期,如图 10.15 所示。

图 10.15　在网格上显示部分记录

　　本例的关键是建立连接时,在 Adodc 数据控件属性页窗口的"纪录源"选项卡内的命令类型下拉列表中选择"8 - adCmdUnknown"选项,需要在命令文本(SQL)框内输入"Select * From 基本情况 Where 性别 ="男"",如图 10.16 所示。

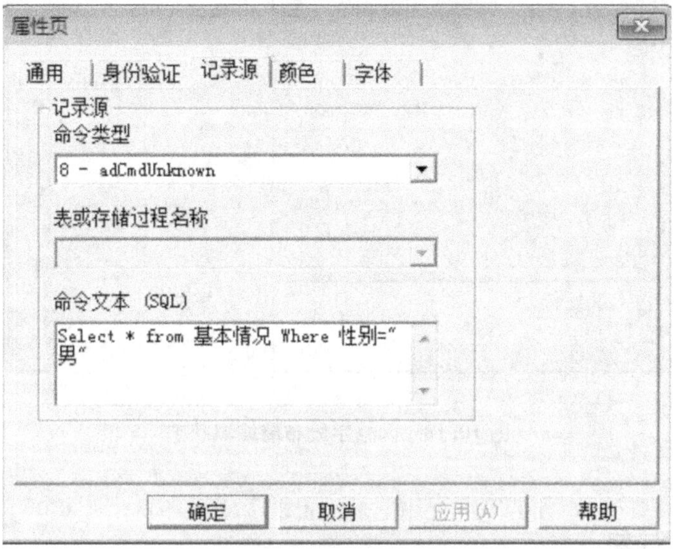

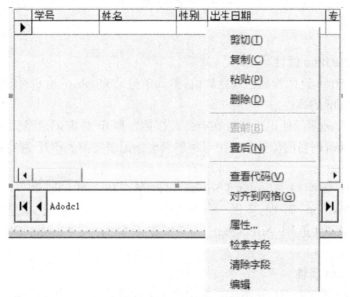

图 10.16 使用 SQL 命令文本

　　要对显示在网格内的数据进行控制,可用鼠标右击 DataGrid 控件,在弹出的快捷菜单中选择"检索字段"选项,如图 10.17 所示。VB 提示是否替换现有的网格布局,单击"是"按钮就可将表中的字段装载到 DataGrid 控件中。

图 10.17 将字段名装载到网格控件

　　若数据网格中只需要显示部分字段,选择图 10.17 所示的"编辑"菜单项,进入数据网格字段布局的编辑状态,用鼠标右击需要修改的字段名,在图 10.18 所示的弹出菜单中选择

"删除"选项,就可从 DataGrid 控件中删除该字段。

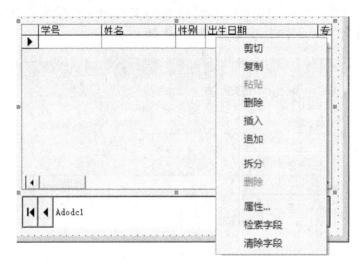

图 10.18　网格字段布局编辑状态

10.3　记录集对象

在 VB 程序中,数据库内的表格不允许直接访问,而只能通过记录集对象(RecordSet) dui 记录进行浏览和操作。记录集不仅可以处理数据,而且能报告处理结果,对记录集的更改最终会被传送给原始表。因此,记录集是一种操作数据库的重要工具。对于记录集的控制也是通过它的属性和方法。下面按照记录集操作的分类介绍记录集常用属性和方法。

10.3.1　浏览记录集

1. AbsolutePosition 属性

AbsolutePosition 返回当前记录指针值,第 n 条记录的 AbsolutePosition 属性值为 n。

2. BOF 和 EOF 的属性

对记录集操作必须保证记录指针在有效范围内。BOF 判定记录指针是否在首记录之前,若 BOF 为 True,则当前位置位于记录集的第 1 条记录之前。EOF 判定记录指针是否在末记录之后。

BOF 和 EOF 属性与 AbsolutePosition 属性存在相关性。如果当前记录指针位于 BOF,AbsolutePosition 属性返回 AdPosBOF(-2);当前记录指针位于 EOF,AbsolutePosition 属性返回 AdPosEOF(-3);记录集为空,AbsolutePosition 属性返回 AdPosUnknown(-1)。

3. RecordCount 属性

RecordCount 属性对 Recordset 对象中的记录计数,该属性为只读属性。

例如,在 Adodc1_MoveComplete 事件(记录指针移动完成)中加入如下代码:

```
    Adodc1. Caption = Adodc1. Recordset. AbsolutePosition &"/" &
  Adodc1. Recordset. RecordCount
```

就可以在数据控件的标题区显示当前记录的序号和记录总数。

4. Find 方法

使用 Find 方法可在 Recordset 对象中查找与指定条件相符的第一条记录,并使之成为当前记录。如果查找不到记录,按搜索方向使记录集指针停留在记录集的末尾或记录集的起始位置前,其语法格式如下:

　　　　Recordset. Find 搜索条件[,[位移],[搜索方向],[起始位置]]

① 搜索条件是一个字符串,包含用于搜索的字段名、比较运算符和数据。

例如,语句 Adodc1. Recordset. Find "学号 = '10016102'",表示在由 Adodc1 数据控件所连接的数据库 Student. mdb 的记录集内查找学号为 10016102 的那条记录。

如果用变量提供条件数据,则要使用连接运算符&组合条件,&两侧必须加空格。例如

　　　　mt = "10016002"

　　　　Adodc1. Recordset. Find "学号 = " & "'" & mt & "'"

如果"学号"的字段类型为数值型,则变量两侧不要加单引号。

当使用 Like 运算符时,常量值可以包含∗,∗代表任意字符,使查询具有模糊功能。

例如,Adodc1. Recordset. Find "学号 Like '10 ∗ '",将在记录集内查找以"10"开始的学号。

② 位移是可选项,其默认值为零。它指定从开始位置位移 n 条记录后开始搜索。

③ 搜索方向是可选项,其值可为 adSearchForward(向记录集尾部)或 adSearchBackward(向记录集开头)。

④ 起始位置项,指定搜索的起始位置。默认时从当前位置开始搜索。

5. Move 方法组

使用 Move 方法可用代码实现数据控件对象的 4 个箭头按钮的操作,遍历整个记录集。5 种 Move 方法是:

① MoveFirst 方法移至第 1 条记录。

② MoveLast 方法移至最后一条记录。

③ MoveNext 方法移至下一条记录。

④ MovePrevious 方法移至上一条记录。

⑤ Move[n]方法向前或向后移 n 条记录,n 为指定的数值。如果 n 大于零,则当前记录位置将向前移动(向记录集的尾部)。如果 n 小于零,则向后移动(记录集的开头方向)。

例 10.5　设计窗体,用命令按钮替代数据控件上的 4 个箭头按钮的功能。增加一个"查找"按钮,通过 InputBox 输入学号,使用 Find 方法查找记录。

在例 10.3 的基础上,增加 5 个命令按钮(本例用控件数组,按钮数组名为 Command1),将数据控件的 Visible 属性设置为 False,如图 10.19 所示。然后通过对命令按钮

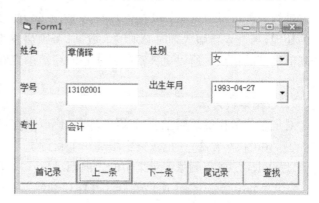

图 10.19　用代码浏览记录集

的编程,使用 Move 方法就可使按钮具备移动记录的功能(本例不考虑记录集为空的情况)。

查找程序的关键是根据 InputBox 输入值,构造查找条件表达式。为保证能从第 1 条记录开始向下查找,使用语句"Find 条件,,,1"(或在使用 Find 方法前,用 MoveFirst 方法将记录指针移动到第 1 条记录上)。程序代码如下:

```
Private Sub Command1_Click(Index As Integer)  '命令按钮 click 事件
Select Case Index
Case 0
    Adodc1. Recordset. MoveFirst                '第一条
Case 1
    Adodc1. Recordset. MovePrevious             '上一条
Case 2
    Adodc1. Recordset. MoveNext                 '下一条
    If Adodc1. Recordset. EOF Then Adodc1. Recordset. MoveLast
Case 3
    Adodc1. Recordset. MoveLast                 '最后一条
Case 4
    Dim mno As String
    mno = Input("请输入学号", "查找窗")          '将输入值存到变量内
    Adodc1. Recordset. Find "学号 = '" & mno & "'", , , 1
                                                '用 Find 方法查找指定学号
    If Adodc1. Recordset. EOF Then MsgBox "无此学号!", , "提示"
End Select
End Sub
```

注意:

在使用 Move 方法将记录向前或向后移动时,需要考虑 Recordset 对象的边界,如果越出边界,就会引起一个错误。可在程序中使用 BOF 和 EOF 属性检测记录集的首尾边界,如果记录指针位于边界(BOF 或 EOF 为真),则用 MoveFirst 方法定位到第 1 条记录或用 MoveLast 方法定位到最后一条记录。

10.3.2　记录集的编辑

虽然 Adodc 和 DataGrid 控件具有增加、删除、修改功能,但这些功能只能用于简单问题的处理,当进入新增状态时必须输入数据;否则会发生"无法插入空行。行必须至少有一个列值集。"的错误。所以更灵活的方法是使用记录集对象提供的方法来进行增加、删除、修改操作。

1. 数据编辑方法

对记录集数据的编辑主要指增加、删除、修改操作,它涉及如下 4 个方法:

① AddNew 方法:在记录集中增加一个新行。

② Delete 方法:删除记录集中的当前记录。

③ Update 方法:确定所做的修改并保存到数据源中。

④ CancelUpdate 方法:取消未调用 Update 方法前对记录所做的所有修改。

2. 新增记录

增加一条新记录通常要经过以下 3 步：

① 调用 AddNew 方法，在记录集内增加一条空记录。

② 给新记录各字段赋值。可以通过绑定控件直接输入，也可使用程序代码给字段赋值，用代码给字段赋值的格式为

Recordset. Fields("字段名") = 表达式

③ 调用 Update 方法，确定所做的添加，将缓冲区内的数据写入数据库。

3. 删除记录

从记录集中删除记录通常要经过以下 3 步：

① 定位被删除的记录使之成为当前记录。

② 调用 Delete 方法。

③ 移动记录指针

注意：

在使用 Delete 方法时，当前记录立即删除，不给出任何警告或者提示。删除一条记录后，被数据库所约束的绑定控件仍旧显示该记录的内容。因此，必须移动记录指针刷新绑定控件，一般采用移至下一记录的处理方法。在移动记录指针后，应该检查 EOF 属性。

4. 修改记录

Adodc 数据控件有较高的智能，当改变数据项的内容时，Adodc 自动进入编辑状态，在对数据编辑后，只要改变记录集的指针或调用 Update 方法，即可确定所做的修改。

注意：

如果要放弃对数据的所有修改，必须在 Update 前使用 CancelUpdate 方法。

下面的例子说明使用记录集对象的方法来实现数据库应用程序增加、删除、修改功能。

例 10.6　在例 10.5 的基础上加入"新增"、"删除"、"更新"、"放弃"和"结束"5 个按钮，通过对按钮的编程建立增加、删除、修改功能，如图 10.20 所示。

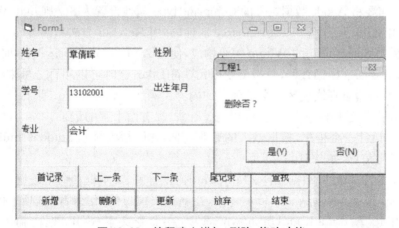

图 10.20　编程建立增加、删除、修改功能

本例使用控件数组加入 5 个按钮（按钮数组名为 Command2），新增按钮的 Click 事件调用 AddNew 方法在记录集中增加入一个新行。更新按钮的 Click 事件调用 Update 方法，将新增记录或修改后的数据写入数据库。删除按钮的 Click 事件调用 Delete 方法删除

当前记录。放弃按钮的 Click 事件调用 CancelUpdate 方法，取消未调用 Update 方法前对记录所做的所有修改。程序代码如下：

```
Private Sub Command2_Click(Index As Integer)
    Dim ask As Integer
    Select Case Index
    Case 0
        Adodc1. Recordset. AddNew                  '调用 Addnew 方法
    Case 1
        ask = MsgBox("删除否?", vbYesNo)
                                                   'MsgBox 对话框出现 Yes、No 按钮
        If ask = 6 Then                            '选择了 MsgBox 对话框中 Yes 按钮
            Adodc1. Recordset. Delete              '调用 Delete 方法
            Adodc1. Recordset. MoveNext            '移动记录指针刷新显示屏
            If Adodc1. Recordset. EOF Then Adodc1. Recordset. MoveLast
        End If
    Case 2
        Adodc1. Recordset. Update                  '调用 Update 方法
    Case 3
        Adodc1. Recordset. CancelUpdate            '调用 CancelUpdate 方法
    Case 4
        End
    End Select
End Sub
```

10.3.3　查询与统计

在数据库应用程序中查询与统计功能通常可通过命令对象执行 SQL 语句产生特定的记录集来实现。需要将 Adodc 数据控件的 CommandType 属性设置为 8（AdCmdUnKnown），在程序运行时用 SQL 语句设置 RecordSource 属性，并用 Refresh 方法激活。

查询条件由 Select 语句的 Where 短语构成，使用 And 与 Or 逻辑运算符可组合出复杂的查询条件；若要实现模糊查询，只需要使用元算符 Like，这时可以用百分号来代替任意一个不确定的内容，用下划线代替一个不确定的内容。例如，"姓名 Like '张%'"将查询所有张姓的人员，而"姓名 Like'张 _'"查询以"张"开头，只有两个字的记录。

例 10.7　设计一个程序，根据输入的专业名称，在网格内显示 Student. mdb 数据库中该专业所有学生信息，如图 10.21 所示。

在窗体上添加 Adodc 数据控件、DataGrid 控件、标签、文本框和命令按钮。

将 Adodc1 连接到数据库 Student. mdb，在属性页窗口的"纪录源"选项卡内的命令类型下拉列表中选择"8 - adCmdUnknown"选项，在命令文本（SQL）框内输入"Select ＊ From 基本情况"。

在程序运行时根据文本框输入的专业名称用字符串连接的方式构造 Where 短语，并用此查询条件设置 RecordSource 属性。

程序代码如下：

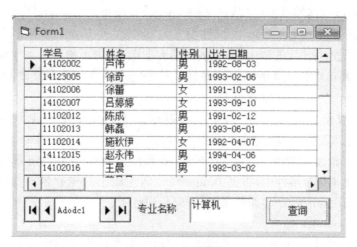

图 10.21　数据查询

```
Private Sub Command1_Click()
    If Text1>"" Then
    Adodc1.RecordSource = "Select * From 基本情况 Where 专业 = '" & Text1 & "'"
    Else
        Adodc1。RecordSource = "Select * From 基本情况"
    End If
    Adodc1.Refresh
End Sub
```

为减少专业名称输入的麻烦,可以用数据列表框或数据组合框控件来代替文本框。使用两个 Adodc 数据控件分别从数据库中获取不同的数据。

例 10.8　设计一个程序,在数据列表框显示专业名称,根据选定的专业在网格内显示 Student.mdb 数据库中该专业所有学生信息,如图 10.22 所示。

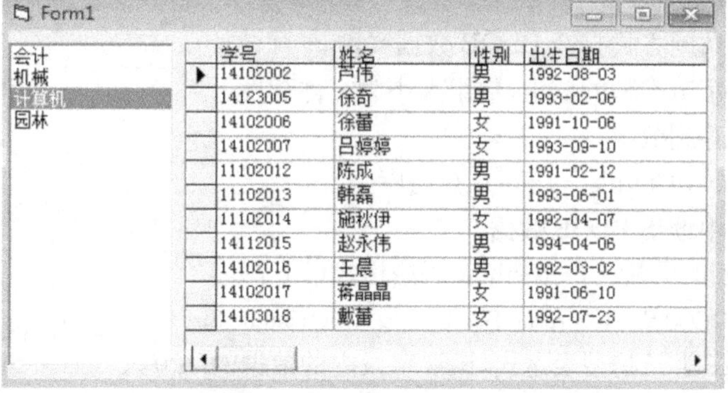

图 10.22　使用数据列表框查询

在窗体上添加 DataGrid 控件、DataList 控件和两个 Adodc 数据控件。

数据列表框与数据组合框都属于 ActiveX 控件,对应"工程|部件"对话框中的 Microsoft DataList Controls 6.0(OLEDB)控件。

将两个 Adodc 数据控件都连接到数据库 Student. mdb，CommandType 属性设置为 8。Adodc1 数据控件 RecordSource 属性设置为"Select ＊ From 基本情况"。

Adodc2 数据控件用于在 DataList1 内产生专业名称，为了使每一类专业只产生一个记录，可在 Select 语句中使用 Group By 短语。构建连接时，在命令文本（SQL）框内输入"Select 专业 From 基本情况 Group By 专业"。

DataList 的数据绑定：列表框内显示的数据由 RowSource 和 ListField 属性决定。BoundColumn 为列表框传递出来的数据源字段（具体内容由 BoundText 属性提供）。根据题意，设置 RowSource 属性为 Adodc2，ListField 属性和 BoundColumn 属性为"专业"。

在 DataList1_Click 事件中，根据 BoundText 属性输出的专业名，构成查询条件，并设置 Adodc1. RecordSource，产生新记录集，程序代码如下：

```
Private Sub DataList1_Click()
        Adodc1. RecordSource = "Select ＊ From 基本情况 Where 专业 = '"& DataList1.
BoundText & "'"
        Adodc1. Refresh
End Sub
```

10.3.4 BLOB 数据处理

二进制大型对象（Binary large Object，BLOB）是指任何需要存入数据库的随机大块字节流数据，例如图形、声音，也可以是一个 Word 文档。数据库中存放 BLOB 数据的字段需要使用二进制类型（Access 中为 OLE 对象）。在数据库中对 BLOB 数据的写入与读出操作通过 Recordset 对象的 AppendChunk 方法和 GetChunk 方法。

1. 把 BLOB 数据写入数据库

AppendChunk 方法用于将 BLOB 数据追加到数据库的二进制字段内，其语法格式如下：

    ADO 对象. Recordset. Fields(字段). AppendChunk Data

其中，参数 Data 包含追加到数据库中的 BLOB 数据。

通常的处理步骤如下：

① 用二进制访问方式打开 BLOB 数据文件。

② 定义一个字节类型的数组，数组大小为文件长度。

③ 将文件保存到数组。

④ 使用 AppendChunk 方法写入数据库。

2. 从数据库中读出 BLOB 数据

使用 GetChunk 方法。GetChunk 语法格式如下：

    变量 = ADO 对象. Recordset. Fields(字段). GetChunk(Size)

其中参数 Size 为长整型表达式，读取字段内的数据的字节数。如果 Size 大于数据实际的长度，则 GetChunk 仅返回数据，而不填充空白。如果字段为空，则 GetChunk 方法返回 Null。每个后续的 GetChunk 调用将检索从前一次 GetChunk 调用停止处开始的数据。

3. 应用

在 VB 中，当 BLOB 数据为图形数据时，可以直接使用图形框控件 PictureBox 或图像框控件 Image 绑定到图形字段，显示出图形。

例 10.9　设计一个应用程序,实现图 10.23 所示功能:在浏览记录时显示照片;单击"图片输入"按钮,打开通用对话框,选择指定图形文件将数据写入到数据库。

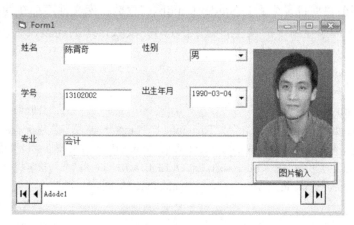

图 10.23　显示图形数据

在窗体上添加 Adodc 数据控件、命令按钮、图像控件、通用对话框、文本框和标签控件。将 Adodc1 连接到数据库 Student.mdb,指定纪录源为"基本情况"表。

设置 Image1 的 DataSource 属性为 Adodc1,DataField 属性为照片,使 Image1 与照片图像绑定,要使照片在显示时能根据图像控件的大小自动调整,需要设置图像框的 Stretch 属性为 True。

在使用通用对话框时,用户可能选择取消操作退出通用对话框,此时 FileName 属性没有文件名,会产生访问文件的错误。将通用对话框的 CancelError 属性设置为 True,当用户单击"取消"按钮时,通用对话框自动将错误对象 Err.Number 设置为 32755(cdlCancel),于是在程序中可用"On Error GoTo"捕获错误,以便判断是否选择取消操作。

图片输入程序代码如下:

```
Private Sub Command1_Click()
    On Error GoTo nofile              '设置错误陷阱,判断是否选择取消操作
    Dim strb() As Byte               '定义一个字节类型的数组
    CommonDialog1.ShowOpen           '打开通用对话框选择照片文件
    Open CommonDialog1.FileName For Binary As #1
                                     '以二进制方式打开照片源文件
    fl = LOF(1)                      '获得文件长度
    ReDim strb(fl)                   '设置数组大小为文件长度
    Get #1, , strb                   '读文件到数组中
    Adodc1.Recordset.Fields("照片").AppendChunk strb
                                     '写入到数据库照片字段
    Close #1
    Adodc1.Recordset.Update
nofile:                              '错误处理
    If Err.Number = 32755 Then Exit Sub    '单击"取消"按钮
End Sub
```

程序运行时,由于使用通用对话框选择照片文件,它会改变 VB 当前使用的数据目录路径,当退出应用程序时,不能恢复到原始状态。第 2 次再执行时,Adodc 数据控件的 Data Source 将会从当前数据目录中查找 Student.mdb,产生数据库文件不存在的错误,这可能是 VB 的一个 Bug。为避免错误的发生,可改用代码完成数据库的连接设置。程序代码如下(连接参数可从 Adodc 数据控件中复制):

```
Private Sub Form_Load()
    Dim mpath $ , mlink $
    mpath = App.Path                                    '获取程序所在的路径
    If Right(mpath, 1) <> "\" Then mpath = mpath + "\"   '判断是否为子目录
    '一下两行代码可以合成一句,mlink 存放 ConnectionString 属性的设置值
    mlink = "provider = Microsoft.Jet.OLEDB.4.0;"       '指定提供者
    mlink = mlink & "Data Source = " & mpath & "Student.mdb"
                                                        '在数据库文件名前插入路径
    Adodc1.ConnectionString = mlink                     '设置连接属性
    Adodc1.CommandType = 2                              '指定命令类型
    Adodc1.RecordSource = "基本情况"                     '指定数据源
    Adodc1.Refresh
End Sub
```

10.4　综合应用

例 10.10　设计一个多媒体信息管理系统,要求能将多媒体数据保存在数据库中,具有记录的增加、删除和多媒体信息重现等功能。

(1) 系统设计

系统设计包括模块设计、数据库设计、编码设计。

① 模块设计

通过系统分析,多媒体信息管理系统模块结构如图 10.24 所示。

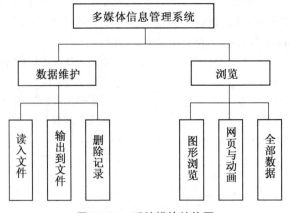

图 10.24　系统模块结构图

"数据维护"模块提供对多媒体数据的增加、删除操作和另存为文件功能;"浏览"模块用

于重现数据库内的多媒体数据,本例只给出图形、Flash 动画和网页显示。

② 数据库设计

建立 Access 数据库 picture.mdb,包含信息表 Pictureinfo。数据结构如表 10.6 所示。

表 10.6　Pictureinfo 表数据结构

字段名	数据类型	字段大小	描述
Filename	文本	50	多媒体文件名
Filesize	数字	整型	文件长度
Filepic	OLE 对象	自动	文件内容
Filetype	文本	10	分类

③ 编码设计

信息编码是为了方便信息的存储、检索和使用,在进行信息处理时赋予信息元素以代码的过程,即用不同的代码与各种信息中的基本单位组成部分建立一一对应的关系。信息编码必须标准、系统化,设计合理的编码系统时关系信息管理系统生命力的重要因素。

编码设计时需要制定编码规则,每个信息均应有独立的代码。一般应用的代码有两类,一类是有意义的代码,即赋予代码一定的实际意义,便于分类处理;一类是无意义的代码,仅仅是赋予信息元素唯一的代号,便于对信息的操作。本例的问题较为简单,对多媒体数据的分类采用记忆码方式,使用文件扩展名作为分类标志。

(2) 编程设计

① 窗体、主菜单与数据库连接设计

在窗体上添加 Adodc 数据控件、网格控件、命令按钮、图像框和通用对话框。参考系统模块结构在窗体上建立主菜单,如图 10.25 所示。

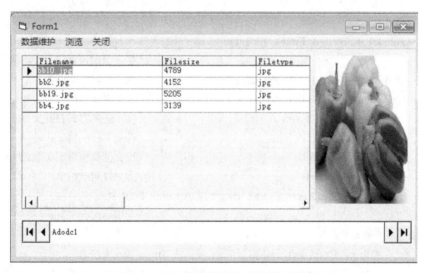

图 10.25　多媒体信息管理系统主界面

在 Form_Load 事件中用代码完成数据库的连接,并将网格 DataGrid 绑定到 Adodc1。程序代码如下:

```
Private Sub Form_Load()
    Dim mpath $，mlink $
    mpath = App.Path                                      '获取程序所在的路径
    If Right(mpath，1) <> "\" Then mpath = mpath + "\"    '判断是否为子目录
    mlink = mlink + "Data Source = " + mpath + "picture.mdb"   '指定提供者
    Adodc1.ConnectionString = mlink                       '在数据库文件名前插入路径
    Adodc1.CommandType = adCmdUnknown                     '设置连接属性
    Adodc1.RecordSource = "select * from pictureinfo"     '指定命令类型
    Adodc1.Refresh                                        '用 Refresh 方法激活
    Set DataGrid1.DataSource = Adodc1                     '绑定 DataGrid
End Sub
```

② 数据维护功能

在数据库内添加记录,使用 AppendChunk 方法将多媒体数据写入到数据库中,在写入前要检测该信息在数据库内是否已存在,以免产生重复记录。

程序代码如下:

```
Private Sub menu11_Click()                               '多媒体数据写入到数据库
    Dim strb() As Byte，fn $，fnt $，fne $，fnl!
    CommonDialog1.ShowOpen                               '通用对话框获取文件
    fn = LCase(CommonDialog1.FileName)                   '获得文件完整的路径名
    fnt = LCase(CommonDialog1.FileTitle)                 '获得文件名
    fne = Right(fnt，4)
    If Left(fne，1) = "." Then                           '获得文件扩展名
        fne = Right(fne，3)
    Else
        fne = "                                          '文件无扩展名
    End If
    Adodc1.Recordset.Find ("filename = '" & fnt & "'")，，，1
                                                         '在数据库内查找是否有同名文件
    If Adodc1.Recordset.EOFThen                          '找不到同名文件
        Adodc1.Recordset.AddNew                          '以下将文件内容写入新纪录
        Open fn For Binary As #1                         '以二进制方式打开文件
        fnl = LOF(1)                                     '得到文件长度
        ReDim strb(fnl)                                  '按文件长度重定义数组 strb
        Get #1，，strb                                    '读文件到数组 strb
        Adodc1.Recordset.Fields("filepic").AppendChunk strb
                                                         '使用 AppendChunk 方法
        Close #1
        Adodc1.Recordset.Fields("filename") = fnt        '写入文件名
        Adodc1.Recordset.Fields("filesize") = fnl        '写入文件长度
        Adodc1.Recordset.Fields("filetype") = fne        '写入扩展名
        Adodc1.Recordset.Update
    End If
```

```
    End Sub
    Private Sub menu12_Click()                          '数据库内多媒体数据另存到文件
        CommonDialog1.FileName = Adodc1.Recordset.Fields("filename")
        CommonDialog1.ShowSave                          '打开另存为对话框
        Call writefile(CommonDialog1.FileName)          '调用写文件子程序
        MsgBox "文件保存在" & CommonDialog1.FileName
    End Sub
    Private Sub menu13_Click()                          '删除记录
        If Adodc1.Recordset.RecordCount > 0 Then Adodc1.Recordset.Delete
    End Sub
    Public Sub writefile(fn $ )                         '写文件子程序将数据库内多媒体数据另存到文件
        Dim strb() As Byte,fl                           '定义一个字节类型的数组
        fl = Adodc1.Recordset.Fields("filesize")        '从数据库内取得文件长度
        ReDim strb(fl)                                  '按文件长度重定义数组
        strb = Adodc1.Recordset.Fields("filepic").GetChunk(fl)
                                                        '将字段内容保存到数组
        Open fn For Binary As #1                        '以二进制方式打开文件
        Put #1, , strb                                  '将数组内容写入到文件
        Close #1
    End Sub
```

③ 浏览功能

图形浏览只需要将 Image1 控件绑定到 Adodc1,根据数据类型选择图形数据构成记录集。本例中用 Instr('jpggifico',filetype)>0 选择 jpg、gif、ico 三类图形数据。

程序代码如下：

```
    Private Sub menu21_Click()            '浏览图形
        Image1.Visible = True             '使图像框可见
        Command1.Visible = False
        Adodc1.RecordSource = "select * from pictureinfo where instr('jpggifico',filetype)>0"
        Adodc1.Refresh                    '用 refresh 方法激活
        DataGrid1.Refresh                 '刷新网格
    End Sub
```

Flash 动画和网页的显示可使用浏览器程序,需要先将多媒体数据保存到文件,然后用 Shell 函数调用。

程序代码如下：

```
    Private Sub menu22_Click()                    '产生 flash 和网页的记录集
        Command1.Visible = True
        Image1.Visible = False
        Adodc1.RecordSource = "select * from pictureinfo where instr('htmswf',filetype)>0"
        Adodc1.Refresh
        DataGrid1.Refresh                 '刷新网格
    End Sub
    Private Sub Command1_Click()
```

```
    Dim fn As String
    fn = "c:\" & Adodc1.Recordset.Fields("filename")    '多媒体文件名
    Call writefile(fn)                                  '另存为文件
    Shell "c:\\program files\\interneet explorer\\iexplore.exe" & fn, vbNormalFocus
End Sub
Private Sub menu23_Click()                              '显示全部数据
    menu1.Enabled = True
    Command1.Visible = False
    Image1.Visible = False
    Adodc1.RecordSource = "select * from pictureinfo"
    Adodc1.Refresh
End Sub
```

例 10.11　设计一个飞行航班信息查询系统,要求具有记录的增加、编辑、删除、查询等功能,航班信息可通过航线、航班或航空公司等进行查询。主界面如图 10.26 所示,航班数据维护窗体如图 10.27 所示。

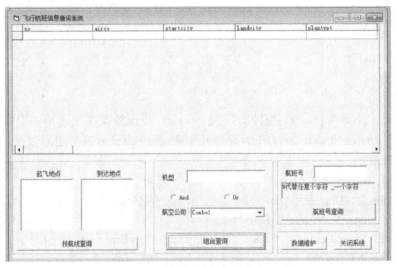

图 10.26　飞行航班信息查询系统主界面

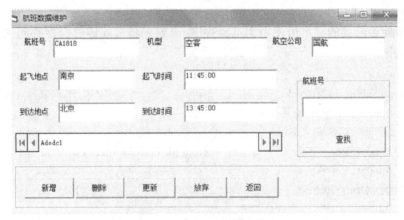

图 10.27　航班数据维护窗体界面

① 飞行航班数据表 airplane 结构可参考表 10.7 设计(数据库名为 plane.mdb)。

表 10.7　airplane 表数据结构

字段名	字段类型	说明	字段名	字段类型	说明
No	字符型	航班号	airco	字符型	航空公司
Startcity	字符型	起飞地点	Times	时间型	起飞时间
Landcity	字符型	到达地点	Timee	时间型	到达时间
Plantype	字符型	机型			

② 根据图 10.26 所示,在主窗体上添加 Adodc 数据控件、DataGrid 控件、列表框、组合框、单选按钮、文本框、标签和命令按钮等控件,样式参见图 10.27 添加航班数据维护窗体。

③ 实现按航班查询。根据文本框输入的航班信息,用航班号字段 No 从数据表中筛选记录,可采用 Like 运算符构造查询条件。程序代码如下:

```
Private Sub Command3_Click()
    If Text1 > "" Then
    Adodc1.RecordSource = "select * from airplane where [no] like '" & Text1 & "'"
    Else
        Adodc1.RecordSource = "select * from airplane"
    End If
    Adodc1.Refresh
End Sub
```

注意:

当用 Like 运算符实现模糊查询,如果 Select 语句判断有误,可在字段名上加方括号。

④ 实现按航线查询。按航线查询需要起飞地点和到达地点信息,可采用两个下拉列表提供航线信息。用户选择起飞地点和到达地点的信息,有 4 种组合:同时有起飞地点和到达地点、只有起飞地点或到达地点一种信息、起飞地点和到达地点都未选择。要针对这 4 种情况,构成不同的 SQL 查询命令,然后将查询结果以表格形式显示。程序代码如下:

```
Private Sub Command1_Click()
    sc = List1.Text
    lc = List2.Text
    If sc > "" And lc > "" Then
        tj = "select * from airplane where startcity='" & sc & "' and landcity='" & lc & "'"
    ElseIf sc > "" Then
        tj = "select * from airplane where startcity='" & sc & "'"
    ElseIf lc > "" Then
        tj = "select * from airplane where landcity='" & lc & "'"
    Else
        tj = "select * from airplane"
    End If
    Adodc1.RecordSource = tj
    Adodc1.Refresh
End Sub
```

⑤ 请读者自行考虑加入单选按钮后的组合查询,共有 5 种情况。

⑥ 数据库连接与列表框和组合框的填充。列表框和组合框的填充数据可从数据库中读取。本例采用单表记录航班信息,不同的记录可能会有相同的起飞地点或到达地点和航空公司名。用 Select Startcity From airplane Group By Startcity 产生无重复起飞城市的数据,通过循环将起飞地点添加到 List1 中,类似的处理还有到达地点和航空公司名。

在 Form_Load 事件过程中用代码完成数据库的连接,并对列表框和组合框填充数据。程序代码如下:

```
Private Sub Form_Load()
    Dim mpath $ , mlink $                    ' 获取程序所在的路径
    mpath = App. Path
    If Right(mpath, 1) <> "\" Then mpath = mpath + "\"      ' 判断是否为子目录
    mlink = "Provider = Microsoft. Jet. OLEDB. 4. 0; Data Source = " + mpath + "plane. mdb"
    Adodc1. ConnectionString = mlink         ' 设置连接属性
    Adodc1. CommandType = adCmdUnknown' 指定记录集命令类型
    ' 产生无重复起飞城市的数据,通过循环添加到 List1
    Adodc1. RecordSource = "select Startcity from airplane Group by Startcity"
    Adodc1. Refresh
    List1. AddItem ""
    Do While Not Adodc1. Recordset. EOF
        List1. AddItem Adodc1. Recordset. Fields("Startcity")
        Adodc1. Recordset. MoveNext
    Loop
    ' 产生无重复到达城市的数据,通过循环添加到 List2
    Adodc1. RecordSource = "select landcity from airplane Group by landcity"
    Adodc1. Refresh
    List2. AddItem ""
    Do While Not Adodc1. Recordset. EOF
        List2. AddItem Adodc1. Recordset. Fields("landcity")
        Adodc1. Recordset. MoveNext
    Loop
    ' 产生无重复的航空公司名,添加到 Combo1
    Adodc1. RecordSource = "select airco from airplane Group by airco"
    Adodc1. Refresh
    Combo1. AddItem ""
    Do While Not Adodc1. Recordset. EOF
        Combo1. AddItem Adodc1. Recordset. Fields("airco")
        Adodc1. Recordset. MoveNext
    Loop
    Adodc1. RecordSource = "select * from airplane"
    Adodc1. Refresh
    Set DataGrid1. DataSource = Adodc1
End Sub
```

⑦ 航班数据维护窗体的设计请参照例 10.6 相关代码，在此不再赘述。

10.5　自主学习

10.5.1　SQL 中 Select 语句的使用

结构化查询语句(Structure Query Language，SQL)是现代数据库体系结构的基本构成部分之一。SQL 定义了建立和操作关系数据库的方法，通过 SQL 命令，可以从数据库的多个表中获取数据，也可对数据库进行更新。从数据库中获取数据是数据库的核心操作，它通常被称为查询数据库。使用 SQL 实现数据查询只需要一个条 Select 语句。

1. Select 语句的基本语法形式

使用 Select 语句可返回一个查询结果，语句通常的语法格式如下：

```
Select 目标表达式列表 From 表名
[Where 查询条件]
[Group By 分组字段 Having 分组条件]
[Order By 排序关键字段[ASC|DESC]]
```

它包含 4 个部分，期中 Select 和 From 子句是必需的。

(1) 目标表达式列表指明了查询结果要显示的字段清单，即在二维表中选择表中的列(字段)，From 子句指明要从哪些表中查询数据。

(2) Where 子句指明选择满足条件的记录，即在二维表中选择表中的行(记录)。

例如，查询语句 Select * From 基本情况 Where 专业 = "计算机"，可从基本情况表中读取专业字段值为“物理”的记录。该查询语句各部分的功能如图 10.28 所示。

学号	姓名	性别	出生日期	专业
14102002	芦伟	男	1992-08-03	计算机
14123005	徐奇	男	1993-02-06	计算机
14102006	徐蕾	女	1991-10-06	计算机
14102007	吕婷婷	女	1993-09-10	计算机

图 10.28　select 语句基本部分的功能

在此例中，星号“ * ”表示选择表中的所有列，而不必一一列出具体字段名。

有时需要更容易理解的名称来表示所选定的字段，可在该字段后用 As 短语来指定别名。如果需要查询的信息在原始数据中不能够直接反映，可通过构造表达式对原始数据进行复杂的运算处理，产生查询结果。在 Select 中只要是符合 VB 规则的表达式都可以用来定义新字段。

例如，语句“Select 姓名，(year(Date()) - year(出生日期)) As 年龄 From 基本情况”，则可根据出生日期计算出如图 10.29 所示每个学生的当前年龄。

姓名	年龄
陈成	24
韩磊	22
施秋伊	23
田万祺	23
刘佳慧	23
李莹	22

图 10.29　由表达式产生查询结果

2. 查询条件

Where 子句可以使用大多数的 VB 内部函数和运算符，以及 SQL 特有的运算符组成表达式，构造出查询条件。

日期型字段值需要用一对“#”符号标识。例如，查询出生日期在 1993 - 01 - 01～1994 - 12 - 31 之间的学生情况，可以使用语句：

```
Select * From 基本情况 Where 出生日期 between #1993-01-01# and #1994-12-31#
```

其中运算符 between 用于指定某闭区间内的数据。以上查询条件也可写成：

```
出生日期>=#1993-01-01# and 出生日期<=#1994-12-31#
```

3. 合计函数

SQL 提供了几个合计函数对记录进行统计操作。常用的合计函数如表 10.8 所示。

表 10.8 SQL 合计函数

合计函数	描　述
AVG	用来获得特定字段中的值的平均数
COUNT	用来返回选定记录的个数
SUM	用来返回特定字段中所有值的和
MAX	用来返回指定字段中的最大值
MIN	用来返回指定字段中的最小值

在 Select 语句中使用合计函数，每个函数可返回一组记录的单一值，即计算结果形成一条输出记录。例如，要统计物理系学生的人数，可用如下查询语句：

```
Select COUNT(*) As 学生人数 From 基本情况 Where 专业="物理"
```

4. 分组

Group By 子句对数据进行分组，把指定字段列表中有相同值的记录合并成一条记录。如果字段的取值有 n 种，则可产生 n 条记录。

例如，按专业统计学生人数，可用如下查询语句：

```
Select 专业,COUNT(*) As 学生人数 From 基本情况 Group By 专业
```

如果基本情况表内的信息涉及 3 个专业（不是 3 条记录），本查询语句产生 3 条记录，分别记录每个专业的学生人数，如图 10.30 所示。

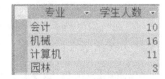

如果对分组后的数据还要进行过滤，可在 Group By 子句后结合 Having 子句用于在分组中选择，如图 10.31 所示。

专业	学生人数
会计	10
机械	16
计算机	11
园林	3

图 10.30 分组与合计函数使用

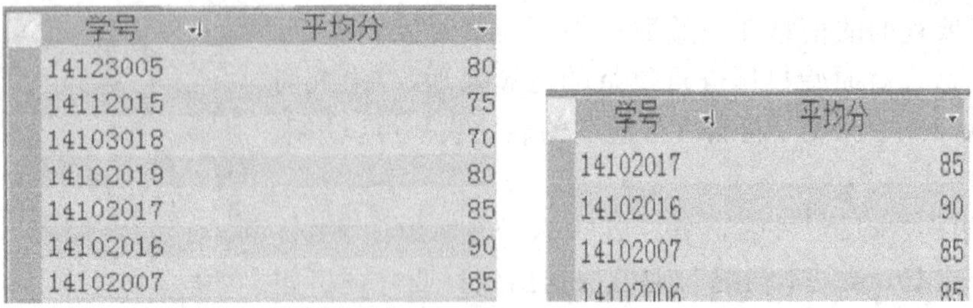

学号	平均分
14123005	80
14112015	75
14103018	70
14102019	80
14102017	85
14102016	90
14102007	85

学号	平均分
14102017	85
14102016	90
14102007	85
14102006	85

图 10.31 Having 的功能

例如，要查询出各门课程平均分在 80 分以上的学生，可使用如下查询语句：

Select 学号,AVG(成绩) As 平均分 From 成绩表 Group By 学号 Having AVG(成绩)>=85

请读者注意 Having 子句与 Where 子句的区别。Where 子句对整个记录集进行过滤,而 Having 子句对各个分组的数据进行过滤,有时互换这两个条件,产生的结果可能是相同的。

5. 输出排序

Order By 子句决定查询结果的排序顺序。可以指定一个或多个字段作为排序关键字,ASC 选项代表升序,DESC 代表降序。

例 10.12　设计一个程序,统计数据库 Student.mdb 基本情况表内各专业的人数、年龄分布,如图 10.32 所示。

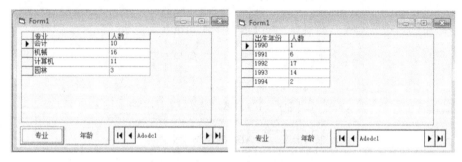

图 10.32　用 SQL 实现数据统计

统计程序的设计主要使用 SQL 的函数和分组功能来实现。各专业的人数统计可直接使用"Group By 专业"短语分组,结合 Count()函数获得统计结果。由于基本情况表内没有独立的年份字段,只有出生日期,为了统计出各个年份出生的人数,可以使用函数 Year()从出生日期中分离年份数据,作为分组依据。网格列标题可用 As 短语提供。

在窗体上添加 Adodc 数据控件、DataGrid 控件和命令按钮。

将 Adodc 数据控件连接到 Student.mdb,将 Adodc 数据控件的 CommandType 属性设置为"8(adCmdUnknown)",RecordSource 属性设置为"Select * From 基本情况"。

Command1_Click 事件实现按专业的人数统计;Command2_Click 事件实现按年份的人数统计。程序代码如下:

```
Private Sub Command1_Click()
    Adodc1.RecordSource = "select 专业,count(*) as 人数 from 基本情况 Group by 专业"
    Adodc1.Refresh
End Sub
Private Sub Command2_Click()
    Adodc1.RecordSource = "select year(出生日期) as 出生年份,count(*) as _
人数 from 基本情况 Group by year(出生日期)"
    Adodc1.Refresh
End Sub
```

10.5.2　ADO 对象的使用

Adodc 数据控件虽然实现方法简单,但是却不灵活。为建立更具灵活性的应用程序,可以使用 ADO 对象。ADO 对象访问数据库的步骤与用 Adodc 访问数据库的步骤是相同的。使用前需要通过代码创建连接对象、命令对象和记录集对象等数据对象。创建数据对象的语句格式如下：

　　　　Dim 数据对象 As New ADODB. 对象

使用 Open 方法打开连接，产生记录集。下面通过示例来说明使用代码创建数据对象，实现数据库访问的过程。

例 10.13　用 ADO 对象访问数据库 Student. mdb，界面如图 10.33 所示。

图 10.33　用 ADO 对象访问数据库

（1）界面设计

在窗体上添加 5 个文本框、5 个标签和 5 个命令按钮。标签控件分别给出相关的说明，文本框的 DataField 属性分别设置"基本情况"表对应的字段名。

（2）引用 ADO 对象库

在工程中使用 ADO 对象，必须先通过"工程|引用"命令来引用"Microsoft ActiveX Data Objects 2. x Library"对象库，如图 10.34 所示。然后 Connection、Recordset、Fields 等对象才能在程序中被引用；否则会产生"用户类型未定义"的错误。

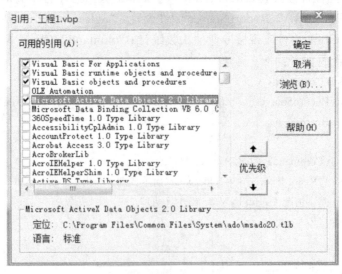

图 10.34　引用 ADO 对象

注意：

VB 6.0 内置了 Microsoft ActiveX Data Objects 2.0 Library 对象库，其他版本的对象库是否存在取决于计算机上所安装的软件。

（3）创建 ADO 连接对象和记录集对象

由于多个事件要使用记录集等对象，在窗体的通用部分创建一个全局性质的连接对象 cnn 和记录集对象 rs：

```
Dim cnn As New ADODB. Connection
Dim rs As New ADODB. Recordset
```

这里 ADODB 是 Microsoft ActiveX Data Objects 2.0 Library 对象库在程序设计中的简称。

（4）产生记录集并绑定到控件

在 Load 事件过程中完成数据库的连接和控件绑定：

```
Private Sub Form_Load()
        strcnn = "provider = Microsoft. Jet. OLEDB. 4. 0；Data Source = Student. mdb"
        cnn. Open strcnn
        strsql = "select * from 基本情况"
        rs. Open strsql，cnn，adOpenDynamic，adLockOptimistic
        Text1. DataField = "姓名"
        Set Text2. DataSource = rs
        Set Text3. DataSource = rs
        Set Text4. DataSource = rs
        Set Text5. DataSource = rs
End Sub
```

产生记录集的 Open 命令中的参数 adOpenDynamic，表示所产生的数据记录类型是动态集，对记录集的变更操作能立即反映出来，记录的位置可以自由移动。

参数 adLockOptimistic 表示修改记录时的锁定方式。

（5）实现对数据记录的浏览

其代码与例 10.5 基本相同，只要将 Adodc1. Recordset 改成 rs 即可，各个命令按钮的 Click 事件代码如下：

首记录：rs. MoveFirst

上一条：rs. MovePrevious

```
    If rs. BOF Then rs. MoveFirst
```

下一条：rs. MoveNext

```
    If rs. EOF Then rs. MoveLast
```

尾记录：rs. MoveLast

（6）查找

```
Dim mno As String
Mno = InputBox("请输入学号"，"查找窗")
rs. Find"学号 like   '" & mno  & "'"，，，1
If rs. EOF Then MsgBox "无此学号！"
```

习 题 10

1. 简述使用 Adodc 数据控件访问数据库的步骤。
2. 什么是数据绑定？怎样实现控件的数据绑定？
3. 如何用代码实现记录指针的移动？
4. 如何实现对记录集的增加、删除、修改功能？
5. 如果要显示数据表内的照片，可使用哪些控件？
6. 简述 SQL 中常用的 Select 语句的基本格式和用法。
7. 在 Select 语句中如何用分组实现统计？
8. 如何用 ADO 对象实现数据库连接、创建记录集对象以及数据绑定？

图书在版编目(CIP)数据

Visual Basic 程序设计教程 / 花卉，陈家红主编
. 一 南京 ：南京大学出版社，2016.8(2019.12重印)
21世纪高等院校计算机应用规划教材
ISBN 978－7－305－17415－5

Ⅰ．①V… Ⅱ．①花… ②陈… Ⅲ．①BASIC 语言－程
序设计－高等学校－教材 Ⅳ．①TP312.8

中国版本图书馆 CIP 数据核字(2016)第 192281 号

出版发行　南京大学出版社
社　　　址　南京市汉口路 22 号　　　　邮　编　210093
出 版 人　金鑫荣
丛 书 名　21世纪高等院校计算机应用规划教材
书　　　名　Visual Basic 程序设计教程
主　　编　花　卉　陈家红
责任编辑　王秉华　单　宁　　　　　编辑热线　025－83595860
照　　排　南京南琳图文制作有限公司
印　　刷　虎彩印艺股份有限公司
开　　本　787×1092　1/16　印张 14.5　字数 353 千字
版　　次　2016 年 8 月第 1 版　2019 年 12 月第 5 次印刷
ISBN 978－7－305－17415－5
定　　价　39.00 元

网址：http://www.njupco.com
官方微博：http://weibo.com/njupco
官方微信号：njupress
销售咨询热线：(025) 83594756